黄瓜霜霉病症状

黄瓜白粉病症状

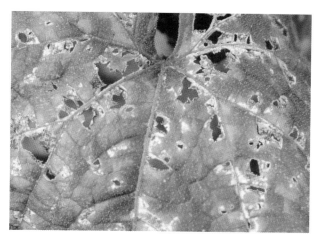

黄瓜细菌性角斑病症状

黄瓜炭疽病症状

黄瓜菌核病症状

黄瓜疫病症状

黄瓜病毒病症状

瓜绢螟成虫

黄瓜枯萎病症状

瓜绢螟幼虫

瓜　蚜

葫芦夜蛾

烟粉虱

黄足黄守瓜

黄足黑守瓜

美洲斑潜蝇危害状

瓜实蝇

棕榈蓟马

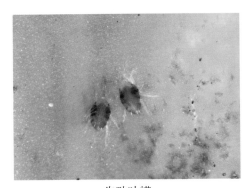

朱砂叶螨

南方黄瓜深沟高畦栽培模式

黄瓜周年栽培技术

徐翠容　骆海波　主编

中国农业出版社

图书在版编目（CIP）数据

黄瓜周年栽培技术/徐翠容，骆海波主编 . —北京：
中国农业出版社，2017.11
　ISBN　978 - 7 - 109 - 23448 - 2

　Ⅰ.①黄…　Ⅱ.①徐…②骆…　Ⅲ.①黄瓜－蔬菜园
艺　Ⅳ.①S642.2

中国版本图书馆 CIP 数据核字（2017）第 255817 号

中国农业出版社出版
（北京市朝阳区麦子店街 18 号楼）
（邮政编码 100125）
责任编辑　郭　科

中国农业出版社印刷厂印刷　　新华书店北京发行所发行
2017 年 11 月第 1 版　　2017 年 11 月北京第 1 次印刷

开本：880mm×1230mm 1/32　印张：4.25　插页：2
字数：120 千字
定价：15.00 元
（凡本版图书出现印刷、装订错误，请向出版社发行部调换）

主　　编：徐翠容　骆海波

副 主 编：司升云　龙启炎　朱运峰　朱　晋

编写人员（以姓名笔画为序）：

王俊良　龙启炎　司升云　朱　晋

朱运峰　李世升　李兴需　杨绍丽

陈　峰　贺从安　骆海波　徐翠容

彭　玲　熊秋芳

前言
FOREWORD

黄瓜（*Cucumis sativus* L.）是葫芦科甜瓜属一年生草本蔓生植物，是深受我国消费者喜爱的主要蔬菜种类之一，市场需求旺盛，种植面积及产量连年上升。农业部数据显示，2004 年，全国黄瓜种植面积为 93 万 hm^2，而到 2014 年，全国黄瓜种植面积已增长至 125.3 万 hm^2，占全国蔬菜面积的 5.6% 左右，其中 58% 左右为露地种植，主要种植地区为山东、河南、河北、辽宁、甘肃、江苏、广东、广西等省份。

近几年，随着我国惠农政策不断推出，专业种植大户、家庭农场、农民专业合作社、农业产业化龙头企业等新型农业经营主体得到不断发展，培养新型职业农民成为未来我国农业现代化发展的新方向。为了更好地适应农业现代化新形势，充分展示和推广近年来在农业科研和技术推广中出现的新品种、新模式、新技术，结合黄瓜生产过程中科技工作者的试验示范经验和农民朋友的生产实践，我们编写了本书。全书比较系统地介绍了黄瓜发展现状、生物学特性、生长发育特征及对环境条件的要求，以及我国黄瓜的主要类型及品种、育苗技术、周年生产技术、病虫害防治技术等。本书在编写中力求内容全面翔实、语言简洁、通俗易懂，技术实用可靠、可操作性强。书中附有彩色图片 20 幅。希望通过本书能进一步提高广大基层农业从业者的黄瓜栽培水平，推广普及黄瓜生产新技术，提高种植者的经济效益，解决黄瓜生产过程中出现的实际问题。

由于编者水平所限，时间紧、任务重，书中难免有疏漏之处，特别是农业技术不断发展，在诠释时难免出现偏颇、谬误之处，恳请读者朋友不吝批评指正。

编　者

2017 年 8 月

目录
CONTENTS

前言

第一章　概述 ……………………………………………………… 1

第一节　黄瓜的名称来源与栽培历史 …………………………… 1
一、黄瓜的名称来源 ……………………………………… 1
二、黄瓜的栽培历史 ……………………………………… 1
第二节　黄瓜的使用价值 …………………………………………… 3
一、黄瓜的营养价值 ……………………………………… 3
二、黄瓜的商品价值 ……………………………………… 4
第三节　我国黄瓜栽培的现状及发展趋势 ……………………… 4
一、目前我国黄瓜的栽培状况 …………………………… 5
二、我国黄瓜栽培的发展趋势 …………………………… 6

第二章　黄瓜的生物学特性 ……………………………………… 8

第一节　黄瓜器官的生物学特性及影响因素 …………………… 8
一、根 ……………………………………………………… 8
二、茎蔓 …………………………………………………… 10
三、侧枝 …………………………………………………… 10
四、卷须 …………………………………………………… 10
五、叶 ……………………………………………………… 11
六、花 ……………………………………………………… 11
七、果实 …………………………………………………… 12
第二节　黄瓜生长发育的 4 个时期 ……………………………… 12

一、发芽期 ……………………………………………………… 13
二、幼苗期 ……………………………………………………… 13
三、抽蔓期 ……………………………………………………… 13
四、开花结瓜期 ………………………………………………… 13
第三节　黄瓜花芽分化和性型分化 …………………………… 14
一、花芽的分化 ………………………………………………… 14
二、性型分化与环境条件 ……………………………………… 14
三、温度、日照感应性的品种分化 …………………………… 15
四、性型分化的化学调节 ……………………………………… 16
五、促进雌花分化的农艺措施 ………………………………… 17
第四节　黄瓜的果实发育 ……………………………………… 17
一、果实发育过程 ……………………………………………… 18
二、果实发育的外部条件 ……………………………………… 18

第三章　黄瓜栽培对环境条件的要求 ………………………… 20
一、温度 ………………………………………………………… 20
二、光照 ………………………………………………………… 20
三、水分 ………………………………………………………… 21
四、气体条件 …………………………………………………… 21
五、土壤肥料 …………………………………………………… 22

第四章　黄瓜的主要类型及品种 ……………………………… 24
第一节　黄瓜的主要类型 ……………………………………… 24
一、按地域分 …………………………………………………… 24
二、按品种的栽培季节分 ……………………………………… 24
三、按瓜型分 …………………………………………………… 25
第二节　黄瓜的主要优良品种 ………………………………… 25

第五章　黄瓜间作套种及高效栽培模式 ……………………… 32
第一节　黄瓜间作套种的原则 ………………………………… 32

第二节　黄瓜间作套种的茬口安排 …………………………… 33

一、我国黄瓜种植的主要茬口 ………………………… 33

二、我国黄瓜的主要种植区 …………………………… 33

第三节　黄瓜高效栽培模式 ………………………………… 34

一、生菜—小白菜—黄瓜间作套种栽培模式 ………… 35

二、春玉米—秋黄瓜—大蒜间作套种栽培模式 ……… 36

三、北方温室越冬黄瓜间作春茬菜豆双种高效栽培模式 … 37

四、大棚草莓间套作水果黄瓜栽培模式 ……………… 38

五、青蒜苗—鲜食毛豆—夏黄瓜栽培模式 …………… 40

六、秋黄瓜—冬莴笋—甜玉米高产高效栽培模式 …… 42

第六章　黄瓜的育苗技术 …………………………………… 44

第一节　黄瓜早春保护地育苗技术 ………………………… 44

一、黄瓜早春保护地育苗设施 ………………………… 44

二、播前的种子处理 …………………………………… 44

三、催芽 ………………………………………………… 45

四、播种 ………………………………………………… 46

五、苗期管理 …………………………………………… 46

第二节　黄瓜夏秋露地育苗技术 …………………………… 48

一、播种期的确定 ……………………………………… 48

二、播种 ………………………………………………… 48

三、苗床管理 …………………………………………… 49

第三节　黄瓜嫁接育苗技术 ………………………………… 49

一、黄瓜嫁接育苗的主要优点 ………………………… 49

二、嫁接黄瓜选用砧木的依据 ………………………… 50

三、嫁接育苗需要的设备 ……………………………… 51

四、适于黄瓜嫁接的主要砧木品种 …………………… 52

五、黄瓜嫁接育苗技术要求 …………………………… 53

六、黄瓜嫁接苗的管理 ………………………………… 54

第四节　苗期常见病虫鼠害防治 …………………………… 55

一、病害防治 ……………………………………… 56

二、虫害和鼠害防治 …………………………… 57

第七章 黄瓜周年生产技术 ……………………… 59

第一节 黄瓜早春大棚栽培技术 ……………… 59

一、品种选择 …………………………………… 59

二、培育壮苗 …………………………………… 59

三、定植 ………………………………………… 60

四、定植后的管理 ……………………………… 61

五、采收 ………………………………………… 62

第二节 黄瓜春夏露地栽培技术 ……………… 62

一、品种选择 …………………………………… 62

二、培育壮苗 …………………………………… 62

三、整地施肥做畦 ……………………………… 63

四、定植 ………………………………………… 64

五、定植后的管理 ……………………………… 64

六、适时采收 …………………………………… 65

第三节 黄瓜秋延后高产栽培技术 …………… 65

一、选用耐热抗病品种 ………………………… 65

二、确定适宜的播种期 ………………………… 65

三、培育壮苗 …………………………………… 66

四、定植 ………………………………………… 66

五、生长管理 …………………………………… 66

六、采收 ………………………………………… 67

第四节 北方日光温室黄瓜栽培技术 ………… 68

一、栽培制度与茬口安排 ……………………… 68

二、冬春茬黄瓜栽培技术 ……………………… 68

第五节 冬暖式大棚黄瓜栽培技术 …………… 76

一、品种选择 …………………………………… 76

二、播种期的确定 ……………………………… 76

三、育苗 ……………………………………………… 76

四、定植 ……………………………………………… 77

五、定植后的管理 …………………………………… 78

六、采收 ……………………………………………… 81

第八章　黄瓜病虫害防治 ………………………………… 82

第一节　黄瓜主要侵染性病害的识别及其防治 ……… 82

一、黄瓜猝倒病 ……………………………………… 82

二、黄瓜霜霉病 ……………………………………… 83

三、黄瓜细菌性角斑病 ……………………………… 84

四、黄瓜白粉病 ……………………………………… 85

五、黄瓜靶斑病 ……………………………………… 86

六、黄瓜灰霉病 ……………………………………… 87

七、黄瓜枯萎病 ……………………………………… 88

八、黄瓜疫病 ………………………………………… 90

九、黄瓜炭疽病 ……………………………………… 91

十、黄瓜菌核病 ……………………………………… 93

十一、黄瓜蔓枯病 …………………………………… 94

十二、黄瓜花叶病毒病 ……………………………… 95

第二节　黄瓜主要非侵染性病害的识别及其防治 …… 95

一、黄瓜花打顶 ……………………………………… 95

二、黄瓜化瓜 ………………………………………… 96

三、黄瓜畸形瓜及苦味瓜 …………………………… 97

四、黄瓜起霜果和裂果 ……………………………… 98

五、黄瓜不出苗或出苗不齐 ………………………… 98

六、黄瓜的生理萎蔫 ………………………………… 99

七、黄瓜焦边叶 ……………………………………… 100

八、黄瓜缺素症 ……………………………………… 100

第三节　黄瓜主要害虫的识别及其防治 ……………… 101

一、瓜绢螟 …………………………………………… 101

二、烟粉虱 ……………………………………………… 103

三、瓜蚜 ………………………………………………… 104

四、黄足黄守瓜 ………………………………………… 105

五、美洲斑潜蝇 ………………………………………… 106

六、棕榈蓟马 …………………………………………… 107

七、瓜实蝇 ……………………………………………… 109

八、朱砂叶螨 …………………………………………… 110

九、侧多食跗线螨 ……………………………………… 111

第九章　黄瓜的采收、储运及加工 ………………… 113

第一节　黄瓜的采收 …………………………………… 113

一、品种选择 …………………………………………… 113

二、黄瓜采摘标准 ……………………………………… 114

三、黄瓜采摘时间 ……………………………………… 114

四、黄瓜采摘方法 ……………………………………… 114

第二节　黄瓜的储藏保鲜技术 ………………………… 114

一、黄瓜的储藏特性 …………………………………… 114

二、黄瓜的储藏工艺 …………………………………… 115

三、黄瓜储藏运输的控制条件 ………………………… 115

四、黄瓜储藏中注意的几个问题 ……………………… 115

五、常见的黄瓜储藏保鲜方法 ………………………… 116

六、黄瓜在储藏和运输中的病害防治 ………………… 118

第三节　黄瓜的加工 …………………………………… 118

参考文献 …………………………………………………… 123

第一章 <<<

概　述

第一节　黄瓜的名称来源与栽培历史

黄瓜，也叫青瓜、刺瓜、王瓜，葫芦科一年生蔓生或攀缘草本植物，茎覆毛，富含汁液，叶片的外观有3～5枚裂片，覆有茸毛。黄瓜栽培历史悠久，分布广泛，为世界性主要蔬菜之一。

一、黄瓜的名称来源

黄瓜原名胡瓜，由汉使张骞从西域带回。胡瓜更名为黄瓜，始于后赵。羯人石勒于襄国（今河北邢台）建立后赵，耻于被称为胡人，禁用"胡"字，违者严惩。一日召见襄国郡守樊坦，指胡瓜问曰："卿知此物何名？"樊坦知石勒故意考问，恭敬相答："紫案佳肴，银杯绿茶，金樽甘露，玉盘黄瓜。"石勒一时大喜。

从此胡瓜就被称作黄瓜。到了唐代，黄瓜已成为南北常见的蔬菜，而闻名全国的种类有外形美观、皮薄肉厚、瓤小的北京刺瓜和宁阳刺瓜等。

二、黄瓜的栽培历史

1. 黄瓜在世界的传播　黄瓜原产于印度的喜马拉雅山脉南麓热带雨林带地区。最初的黄瓜为野生，瓜带黑刺，味苦不能食用。野生黄瓜经过漫长的驯化栽培，苦味变轻后才开始食用。此后，黄瓜便传播到世界各地，并且通过自然选择、人工选择和演变，形成很多变种或生态型，再经过各地不断淘汰和改良，发展成为现在的多种栽培品种。

西亚地区在3 000多年以前就开始栽培黄瓜，后传播到西方。

1世纪，在古罗马、希腊、小亚细亚开始有黄瓜的栽培记载。黄瓜传播到欧洲各国比较晚，约9世纪传播到法国和俄罗斯，英国在1327年才有栽培记载，1573年之后才得到快速发展。黄瓜传入美洲是在发现新大陆之后，1494年哥伦布在海地岛开始种植，1535年加拿大开始栽培，1584年传入美国弗吉尼亚半岛，1609年传入美国马萨诸塞州。

2. 黄瓜在我国的栽培历史　黄瓜由印度分两路传入我国。最早在前2世纪汉武帝时代，张骞出使西域带回，由西北传入华北，经驯化形成华北系统的黄瓜。其特点是节间和叶柄较长；根系细长，再生能力弱；果实较长，皮薄；有刺瘤，早熟。另外一路，由印度从东南亚经水路传到我国华南地区，经驯化形成华南系统的黄瓜。其特点是叶片较厚，根系较强，果实粗而短，瓜皮较坚硬。无刺瘤，晚熟。到了唐代，黄瓜已能在温室中栽培，唐诗中写道："酒幔高楼一百家，宫前杨柳寺前花。内园分得温汤水，二月中旬已进瓜。"元、明时代以后，在《学圃余蔬》书中记载："王瓜，出燕京者最佳。其地人种之火室中，逼生花、叶；二月初，即结小实，中官取以上供。"这些记载说明我国北方人民用温室栽培黄瓜的技术已有相当水平了。

18～20世纪初，黄瓜的露地栽培比较普遍，从福建、广东，到黑龙江，多数省份都有种植，但保护地栽培黄瓜的甚少，只有在北京城郊用阳畦、小暖窖、温室等形式进行小面积种植。中华人民共和国成立后，露地黄瓜的栽培面积有了较大的发展，西藏及青海的柴达木盆地也试种成功。保护地黄瓜不仅城市郊区种植，广大农村也普遍栽培。由于阳畦、温室、小暖窖的透光材料都是采用玻璃，发展速度受到了限制。

20世纪50年代中期，开始引进塑料薄膜试验种植黄瓜。当时北京农业大学园艺系曾利用拱棚种植，收到早熟丰产的效果。1958年山西农学院也曾利用塑料薄膜覆盖黄瓜，同样收到良好效果。20世纪60年代初，北京、上海、天津等地都先后应用塑料小拱棚种植黄瓜。自从1963年我国能自行生产农用塑料薄膜以后，黄瓜保护地种植面积迅速扩大，覆盖形式也开始增多。1965 年前后，东北地区出现了简易的塑料大棚，为我国北方寒冷地区瓜类蔬菜提早定植与成熟，开创了良好的前景。1966 年长春建立了一座面积为 $500m^2$ 的塑料大棚。从此以后，全国塑料大棚面积迅速发展。据统计，1978 年全国塑料大棚面积为 5 333hm^2，1993 年大棚面积已发展到 33 333hm^2。

　　20 世纪 80 年代以来，农村实行家庭联产承包责任制，农民有了生产的自主权，城市蔬菜市场的开放，流通领域的体制改革，为塑料日光温室的发展注入了活力。再加上塑料日光温室比塑料大棚具有更好的保温性能，在北京、天津、山东、河北等地区严冬能够生产黄瓜，所以，塑料日光温室黄瓜生产的发展比塑料大棚更快。据全国农业技术推广服务中心统计，1989 年全国塑料大棚和日光温室总面积为 13.28 万 hm^2，2014 年总面积为 205.8 万 hm^2。黄瓜是蔬菜当中主要的一种，也是保护地栽培当中最主要的一种，由于露地、大棚和温室黄瓜的生产，使新鲜黄瓜达到了周年生产、周年供应。

第二节　黄瓜的使用价值

一、黄瓜的营养价值

1. 黄瓜的营养成分　黄瓜食用部分由子房发育而成。果实颜色呈油绿或翠绿。鲜嫩的黄瓜顶花带刺，果肉脆甜多汁，具有清香口味。每 100g 鲜样含蛋白质 0.6～0.8g，脂肪 0.2g，碳水化合物 1.6～2.0g，灰分 0.4～0.5g，钙 15～19mg，磷 29～33mg，铁 0.2～1.1mg，胡萝卜素 0.2～0.3mg，硫胺素 0.02～0.04mg，核黄素 0.04～0.4mg，尼克酸 0.2～0.3mg，抗坏血酸 4～11mg。此外，还含有葡萄糖、鼠李糖、半乳糖、甘露糖、果糖、咖啡酸、绿原酸、多种游离氨基酸，以及挥发油、葫芦素、黄瓜酶等。

2. 黄瓜的药用价值　据《本草求真》记载，黄瓜"气味甘寒，服后可清热利水"。叶和蔓性味微寒，具有清热、利水、除湿、滑肠、镇痛等功效。黄瓜含糖类和苷类，并有多种游离氨基酸。其中的丙醇二酸在人体内可抑制糖类物质转化为脂肪，有减肥和预防冠心病的功效。用黄瓜蔓加工的"煎剂"和"片剂"可用于治疗高血压。

黄瓜的果实具有清热、利尿、解毒之功效。老黄瓜去皮去籽取汁液，涂患处可治疗烧伤，适合轻微烧伤应用。黄瓜的苦味成分为葫芦素，其中的葫芦素 C，经动物试验，具有抗肿瘤的作用。用黄瓜汁液和一茶匙鲜奶油、一个鸡蛋的蛋清搅拌在一起涂面，能使皮肤红润柔嫩，尤其对油性皮肤有效。

3. 黄瓜的其他作用 黄瓜皮可防治蟑螂。美国化学家克利夫·米洛那经过多次试验发现，蟑螂对黄瓜皮的气味特别敏感，黄瓜对蟑螂有驱避作用。

二、黄瓜的商品价值

黄瓜的商品价值随着各地的栽培方式、栽培面积、产量、蔬菜上市季节不同而异。以石家庄市农贸市场黄瓜价格为例，在 1986年春节，因为温室黄瓜生产面积少，黄瓜价格昂贵，1kg 价格达40 多元。近几年我国北方的日光温室面积骤增，1995 年、1996 年春节前后，1kg 价格为 4～4.5 元。在一年当中，6～8 月价格最低，这是因为春季露地黄瓜栽培面积较大，产量较高，也是蔬菜供应旺季。其次是 4～5 月和 9～10 月。4～5 月上市的黄瓜是日光温室冬春茬后期及大棚春提早栽培的产品，9～10 月上市的黄瓜是露地夏季播种的产品，11 月上市的是大棚秋延后栽培的产品，12 月至翌年 3 月上市的黄瓜主要是日光温室栽培的产品。黄瓜价格按经济效益高低排列顺序：日光温室栽培＞塑料大棚栽培＞小拱棚栽培＞露地栽培。

第三节 我国黄瓜栽培的现状及发展趋势

近年来，随着我国农业产业结构调整及经济的快速发展，我国黄瓜的栽培状况也发生了很大变化，面积迅速扩大，品种更加丰富，栽培茬口划分更加细致，并实现了周年生产、周年供应。

一、目前我国黄瓜的栽培状况

1. 我国黄瓜的栽培面积 截至 2014 年年底，我国的黄瓜栽培面积已达 125.3 万 hm^2，比 1980 年扩大了近 3 倍，占全国蔬菜面积的 5.6% 左右，其中 58% 左右为露地种植，主要的种植地区为山东、河南、河北、辽宁、甘肃、江苏、广东、广西等省份。

过去我国黄瓜栽培地区分布很不均匀，主要集中在一些气候条件及自然环境比较好的省份，如山东、河南、海南等地。近年来，我国黄瓜种植区分布逐渐扩散，几乎所有省份的每一个大城市周围都有一些大的黄瓜生产基地，区域化生产越来越突出，如山东寿光、苍山地区，辽宁凌源、铁岭地区，安徽和县，广东徐闻，海南三亚，云南元谋、建水等地。特别是原来一些气候及地理环境不太好、种植基础比较差的地区，如甘肃、黑龙江、新疆、贵州、西藏、内蒙古等省、自治区，近年来黄瓜种植发展迅速，如在包头郊区、甘肃武威等地都有相对集中的近 $700hm^2$ 的黄瓜种植区。这也是近两年来我国黄瓜南菜北运趋势下降的原因。

2. 我国黄瓜栽培的主要品种 我国黄瓜新品种选育工作发展迅速，成绩卓著，先后经历了两次大的品种更新，每次都使我国黄瓜生产水平跨上一个新台阶，品种和栽培形式越来越丰富。

早在 20 世纪 70 年代，天津市蔬菜研究所黄瓜课题组就育成以津研 4 号为代表的津研系列黄瓜品种。津研 4 号集高产、抗病于一体，在生产上迅速推广应用，并成为当时的主栽品种。80 年代，天津市黄瓜研究所又育成津春系列黄瓜品种，经过近 10 年的推广应用，取代津研系列黄瓜品种而成为黄瓜的主栽品种，栽培面积占总面积的 30% 以上。同期中国农业科学院蔬菜花卉研究所育成的中农 5 号、中农 7 号、中农 8 号及黑龙江省农业科学院园艺研究所育成的龙杂黄系列黄瓜品种，也推广了一定的面积。90 年代，天津市黄瓜研究所育成了津优系列黄瓜新品种，经过多年的推广，已经逐步成为某些地区的主栽品种。

同时，由于我国不同地区的黄瓜消费习惯不同，一些地方品种也应运而生，如广东省农业科学院育成的华南类型黄瓜夏青系列、吉林省农业科学院育成的吉杂系列等。

另外，为了适应环保的要求，与国际市场接轨，我国也育成了一些光滑型、环保型黄瓜品种，如天津市黄瓜研究所育成的津美1号、津优6号，在胶东半岛及江苏等地有一定的栽培面积。一些国外的黄瓜，如以色列类型的黄瓜和荷兰类型的黄瓜，在我国的一些地区也有种植。

二、我国黄瓜栽培的发展趋势

根据黄瓜栽培的现状，我国黄瓜栽培有以下几个发展趋势：

（1）黄瓜栽培总面积增长渐缓，但保护地栽培面积增长幅度大。由于黄瓜种植的利润较高，价格相对稳定，农民的生产积极性较高，另外，黄瓜的需求量也会上升。因此，黄瓜的栽培面积，尤其是保护地黄瓜的栽培面积会进一步增加。

（2）黄瓜抗病新品种将满足各个茬口生产的需要。现在，我国露地黄瓜抗病性较强，农药使用量非常少，但保护地黄瓜抗病能力较差，保护地条件又容易滋生病菌，因此保护地黄瓜病害（尤其是叶部病害）发生严重，用药量较大，研究人员正在加强对保护地黄瓜抗病能力的选择。在未来几年内，保护地黄瓜的抗病能力会有明显提高。同时，适合各个栽培茬口的不同类型黄瓜新品种也会不断涌现。

（3）对黄瓜品种和栽培技术的要求将越来越高。随着我国黄瓜生产的产业化，对品种的要求也越来越严格，不仅要求高产、抗病、优质，黄瓜的果实形状及口感等也成为重要的种植指标。另外，由于环保的要求，今后，光滑型黄瓜的种植将会有很大的发展潜力及广阔的市场。

（4）生物技术更高程度地应用于黄瓜育种。传统育种方法选育一个优良品种至少需要 5～8 年的时间，这在很大限度上制约着新品种选育的速度。单倍体技术的开发和应用为黄瓜育种提供了新的手段，可以尽快使黄瓜品系纯化，短时间内育成新的自交系，为黄瓜杂种优势的利用提供优良条件。

第二章 <<<

黄瓜的生物学特性

　　黄瓜是我国常见蔬菜种类之一，特殊的起源环境形成了其独特的生物学特性和对环境条件的独特要求，虽经历人工选择形成了不同的黄瓜类型，但是最普遍的特征特性依然不变。了解黄瓜的生物学特性，并熟练掌握其生长发育特性，在生产中加以利用，为其健壮生产提供有利的环境条件，不仅可以有效避免不良环境引起的病虫害的发生，还可以提高黄瓜产量与品质，获得更高的收益。

第一节　黄瓜器官的生物学特性及影响因素

一、根

　　1. 根系分布与影响因素　黄瓜根分主根、不定根和侧根。主根又称初生根，它是种子萌发后由胚根发育而来的。在土层深厚、通气性好、富含有机质的土壤上，直播苗的主根可垂直向下伸长达1m以上。侧根又称次生根，是在主根一定部位发生的。一级侧根的粗壮部分可生出二级侧根，二级侧根又可分生三级侧根。所有主、侧根的纤细部分都可分生出更为纤细的须根。侧根自然伸展可达2m左右。不定根多从根颈部和茎上发生，它比定根（主、侧根）相对强壮一些。生产上由于受土壤通透性的限制，加上移栽时主、侧根多已受伤，根群的发展明显受到限制，多分布在根颈周围半径30～40cm、深0～20cm的耕层土壤中，尤以0～5cm最为密集。

　　黄瓜根系生长和分布除与自身植物学性状有关外，还与品种、土壤、温度和管理密切相关。通常晚熟、生长期长的品种根群大。土质疏松、肥沃，结构良好时根系生长健壮，分布深广。

2. 黄瓜根系的特点

（1）根系浅，根量小。黄瓜根系浅，根量小，表明它占有水肥供应的空间小，吸水、吸肥和抗旱能力都较差，所以种植黄瓜比种植其他蔬菜需要施用更多有机肥，而且生长期间还需多次追肥浇水。

（2）根系柔弱，易感病害。黄瓜常见的生理性病害有锈根、寒根和沤根；主要侵染性病害有枯萎病、根腐病、根结线虫病等。

（3）根系木栓化早，受伤后恢复困难。黄瓜根系容易发生木栓化，根系受伤后恢复能力也差。所以生产上分苗要求在第一片真叶期进行，次数也不宜多。

（4）根好气，有氧呼吸旺盛。黄瓜根系一般不能忍受土壤空气中含氧量少于 2% 的低氧条件，以含氧量 5%～20% 为好。

（5）喜湿怕涝，耐旱能力差。黄瓜对水分的需求虽因生育期、生长季节、栽培形式而不同，但总的来说表现为喜湿、怕涝又怕旱。黄瓜结瓜盛期要求的土壤含水量达到田间最大持水量的 70%～80%，只有经常浇水才能保证长秧结瓜正常进行。但浇水一次水量又不能太大，否则土壤板结或积水又会影响土壤的通气性。

（6）喜肥却不耐矿质肥料，吸肥能力弱。黄瓜植株生长快，茎叶与结瓜往往同步进行，短期内又要求形成大量的产品，为此就要消耗掉大量的营养。黄瓜根系吸收养分范围小，吸收能力差，所以黄瓜的施肥量比其他蔬菜都要大，特别是保护地黄瓜的种植。

（7）喜温怕寒，又怕高温。黄瓜根系对土壤温度比较敏感，生长适温 18～23℃，低于 12℃ 新根不发生，对养分和水分吸收能力大为减退。地温长期处于 25℃ 以上，就会加速根系衰老。当气温高于适温时，适当的低地温有利；气温低于适温时，地温高些又可弥补气温的不足。

（8）不定根发生容易，生长比较旺盛。黄瓜的定根根量相对较少，生命活力差。黄瓜茎基部和根部容易发生不定根，且生命力相对比较旺盛。

二、茎　蔓

黄瓜茎属于攀缘性蔓生茎，中空，五棱，上生刚毛。当基部长有 5～6 节后，节间开始伸长。茎的粗细、颜色深浅和刚毛强度是衡量植株健壮程度和产量高低的主要标志。一般健壮的成株，茎粗直径 1cm 左右。茎节长度在很大限度上受自然条件的影响：温度高，光照弱，尤其是夜间温度高时，节间细长，植株徒长。一般情况下，节间短主要是夜间温度过低所致。黄瓜具有顶端优势和叶腋发生分枝的能力。侧枝发生的数量与品种关系密切，通常中晚熟、顶端优势中等或弱的品种，侧枝发生多。

三、侧　　枝

黄瓜主蔓上侧枝发生的多少和长短除与品种有关外，还与植株生长健壮与否有密切的关系。通常顶端优势强的极早和早熟品种，瓜蔓短，不发生或很少发生分枝，多以主蔓结瓜为主；顶端优势弱的中、晚熟品种，瓜蔓较长，分枝也多，有的是侧蔓结瓜，有的是主、侧蔓结瓜结合进行。

四、卷　　须

卷须是黄瓜侧枝的变态，有侧枝的节一般没有卷须，卷须多从基部 4～5 节开始发生，它是黄瓜攀爬的支持物。人工栽培下卷须已经失去原有作用，而生长又要消耗养分，所以应多摘除。

卷须含水量高，对生长环境和植株营养水平的变化非常敏感，可作为植株长势和环境条件优良与否的诊断"脉搏"。生产上主要是看主茎生长点下第三至五节展开叶附近卷须的表现：若卷须较粗大，长而柔软，颜色淡绿，用拇指和中指夹住，用食指轻弹有弹性，用 3 个手指掐断时无抵抗感，用嘴咀嚼时有甜味，且与黄瓜的味道一样，表明黄瓜长势正常，环境条件比较适宜；若卷须呈弧形下垂或打卷，则表明土壤不缺肥但缺水，卷须直立表明水分过多；若卷须细、短、无弹力，先端也卷曲，用手不易折断，咀嚼有苦味，先端呈黄色，是植株衰弱的病征。

五、叶

黄瓜的叶包括子叶和真叶。

1. 子叶　子叶是由种子发育而来的，呈长圆形或椭圆形。子叶在幼苗出土后 8～10d 进入叶面积膨大期。子叶的肥瘦、形状、姿态和颜色在一定程度上反映了种子质量和秧苗的生长条件。种子饱满、床土营养、温度和水分适宜，秧苗出土正常时，子叶肥大、色深、平展且形状好，单子叶面积可达 3cm×5cm。子叶储藏和制造的养分是秧苗早期主要的营养来源。因此，需要特别注意子叶增大期的苗床环境和管理。

2. 真叶　黄瓜出苗 8～10d 秧苗出现第一片真叶，以后每节长出 1 片。真叶呈五角心脏形，叶缘有缺刻，叶和叶柄上均有刺毛。叶片的正面和背面都有气孔，叶缘还有许多水孔。气孔是水蒸气、二氧化碳和氧气的共用通道，植株是通过气孔的张合来完成呼吸作用的。在土壤水分多和空气湿度大时，植株体内的水分可以通过叶缘水孔直接排出体外，即所谓的"吐水"。这些自然孔道同时也是病原生物侵入的通道，叶背面的气孔较多，喷药时应注意。

叶的形状、颜色、缺刻深浅、刺毛强度、叶柄长短、叶面积大小和叶片厚薄，虽会因品种而有差异，但更多受栽培条件和管理水平影响。水分过大、夜温过高、通风差时，形成的叶片大而薄，叶柄长而细，叶色黄绿，属于徒长型叶。这种叶型的植株光合产物少，化瓜严重，大大影响黄瓜的产量。

六、花

黄瓜多为单性花，雌雄同株。黄瓜花属于退化型腋生单性花，在发育中，如果雌蕊退化完全就变成雄花，如果雄蕊完全退化便发育成雌花，偶尔也会形成雌、雄蕊有着不同发育程度的完全花。

1. 黄瓜花芽分化的基本规律　黄瓜花芽分化、性型分化及其生长速度虽然会因品种和环境条件差异而不同，但花芽分化具有一定的稳定性,在生长到一定程度时的叶腋内,不论是主蔓还是侧枝,都可以准确地分化出花芽。

黄瓜定植后直到根瓜坐住,花芽的分化一直在进行中。5～6片真叶起,植株的营养基础和环境条件更有利于雌花的分化,可以使品种的丰产性得到充分表现。

2. 影响花芽分化和性型分化的环境因素 花芽分化属于生殖生长范畴,必须有营养生长作为基础。花芽性型分化首先取决于品种的遗传性,其次还受到温度、光照、水分、气体、植物生长调节剂等的影响。

七、果　　实

黄瓜的果实是假果,这种假果是由花托上升而子房下陷形成的。果实的形状、大小、颜色因品种而异。瓜形为筒形至长棒状,色多为绿色,个别品种为黄白色;棱瘤或有或无,或大或小;刺有黑、褐、白之分;瓜皮和瓜肉也厚薄不等。

果实生长期间条件不适,或营养不良时,不仅瓜条生长慢,还容易形成大肚、长把、尖嘴、弯曲等畸形瓜。多数黄瓜果实内含有苦瓜素,在不适条件下,当苦瓜素含量提高到使人可以感觉出苦味时就成为苦味瓜。苦味瓜的发生除与品种的遗传性有关外,主要与栽培条件有关。通常温度低、光照不足、氮素多或缺肥、干旱,或者生长不良、植株衰老、根系遭受破坏等都容易出现苦味瓜。

黄瓜不经授粉可以单性结实,而且有些品种的单性结实率还很高,这一特性使它在缺乏蜜蜂授粉条件下的保护地里,无须人工授粉就能正常结实。

第二节　黄瓜生长发育的 4 个时期

根据黄瓜植株的形态特征及生理变化,其生长发育可分为发芽期、幼苗期、抽蔓期和开花结瓜期 4 个时期。

一、发 芽 期

黄瓜的发芽期是指从黄瓜种子萌动至两片子叶展开、真叶显露，需 5~6d。此时主要是种子内部胚器官的轴线生长，是胚根、胚轴的伸长与子叶生长的过程。发芽期包含了由依靠种子内部储藏的营养物质的异养阶段向进行光合作用进入自养阶段的转变过程。

二、幼 苗 期

幼苗期是指从子叶展平至第四片真叶充分开展，需 20~40d。此期生长量较小，主根不断伸长的同时，侧根陆续发生和生长。当真叶开始生长时，下胚轴生长速度明显减缓。随着叶片生长加快，茎端不断地分化叶原基，叶腋开始分化发芽，多数品种在 1~2 片真叶时就开始分化发芽。在春季阳畦育苗的条件下，当幼苗期结束时幼苗已分化 20 余片叶，其中 16 节以下各节的花器性型已确定。

三、抽 蔓 期

抽蔓期是指从第四片真叶展开，至第一雌花坐瓜，需 15d 左右。抽蔓期根系和茎叶加速生长，节间伸长，抽出卷须，从幼苗期的直立生长，变为攀缘生长，侧蔓也开始发生，花芽不断分化发育和性型分化。黄瓜植株由营养生长为主逐渐转向营养生长与生殖生长并重。抽蔓期的生长量显著加大。

四、开花结瓜期

开花结瓜期是指从第一雌花坐瓜至生长结束。此期根系、茎叶和花果都迅速生长发育，达到生长最高速率，其后逐渐转为缓慢生长，直至衰老，生长量占总生长量的 80% 左右。开花结瓜期的长短与产量关系密切，结瓜期越长，产量越高。栽培季节、品种及病虫害等都影响结瓜期的长短。一般春季露地栽培的黄瓜结瓜期约60d，夏秋栽培为 30~40d，大型连栋温室或日光温室内越冬茬栽培可长达 7~8 个月。

第三节　黄瓜花芽分化和性型分化

黄瓜是雌雄同株异花植物，雌花发生的早晚及其分布状态，与成熟期、产量和品质等有密切关系。品种不同，雌花发生的时间也明显不同。同时，雌花出现的时间还受环境条件的影响。

一、花芽的分化

黄瓜的花芽分化始于幼苗初期，当第一片真叶展开时各叶腋均已进行花芽分化，但其性型尚未决定。将来发育成雄花的花蕾，雌蕊突起在此停止发育，形成无卵雌蕊；而两个大的雄蕊突起和一个小的雄蕊突起发育起来，同时形成在花被的底部具有很小的退化雌蕊的雄花。将来发育成雌花的花蕾，其雄蕊突起停止发育而雌蕊突起迅速发育起来，柱头与花柱进行分化，子房膨大，内含胚珠。在花被与花柱的基部之间生成蜜腺，这样就成为具有退化雄蕊的雌花。

有个别黄瓜植株，在同一叶腋混生着雌花和雄花。一般说来，雄花和雌花的着生节位不同，在雄花节上相继簇生几朵到几十朵雄花；而雌花节上仅着生一朵雌花；绝大多数品种在叶腋处相继分化第二朵、第三朵雌花。

二、性型分化与环境条件

黄瓜的性表现不是固定不变的，而是随温度、日照等因素的影响而发生明显变化的，特别是在性型分化初期受环境因素的影响更大。

1. 温度　黄瓜除雌性型品种外，温度是影响雌花分化的最直接因素。因此一般通过降低温度来促进雌花分化。对雌花的分化来说，虽然昼温也有影响，但对夜温的反应更为强烈。

2. 日照　许多黄瓜品种在短日照条件下，雌花着生量增加。在育苗期间，日照时间越短则越能促进雌花着生。但如果日照过短则幼苗发育不良，虽然雌花着生量增加，但黄瓜生长发育受抑制，产量反而降低。据多方面研究，8h 短日照对黄瓜雌花的分化最为有利。

3. 其他条件　试验表明，黄瓜栽培的其他条件虽然不像温度、日照条件那样明显地影响性型分化，但也同样影响到性表现。在不同土壤温度条件下，黄瓜雄花数量差别不大，但高的土壤含水量和空气湿度却有利于雌花的形成。

（1）氮肥。氮肥能增加雄花着生量，遮光处理可增加雌花着生量，但在遮光条件下多施用氮肥反而可以增加雌花着生量，而分期施用钾肥反而有利于雄花形成。在发育初期，适度的氮素能使黄瓜发育速度加快，提早出现雌花，减少雄花着生量；而钾则减缓黄瓜发育速度。

（2）一氧化碳含量。当空气中一氧化碳含量增加时，由于一氧化碳抑制黄瓜呼吸作用，促进光合产物的积累，因此雌花着生量增加。

（3）二氧化碳含量。二氧化碳含量较高，可提高光合强度，增加雌花着生量。据报道，空气中二氧化碳浓度达 1% 时，雌花分化率达 100%。

另外，乙烯也有增加雌花的作用。如果在开花前将黄瓜雌花摘除，那么植株生长发育旺盛，雌、雄花都会增加，特别是侧枝雌花比例增加。地爬和搭架相比，地爬黄瓜雌花着生量较多。

三、温度、日照感应性的品种分化

黄瓜对低温的感应性因品种不同而有明显差异。一般来说，雌花着生能力强的品种对低温较敏感，而雌花着生能力弱的品种对低温反应较迟钝。但也有的品种对温度不敏感而经常显示雌性。

黄瓜对日照感应性也有显著的品种分化，有短日照感应类型、日照不感应类型和长日照感应类型 3 种不同的类型。

（1）短日照感应类型。这种类型的黄瓜在短日照条件下雌花分化加快。华南型黄瓜一般表现为短日照感应类型。如广州青、杭州青皮、上海杨行、重庆大白、日本青长瘤等。

（2）日照不感应类型。这种类型的黄瓜性型分化不受日长的影响。华北型黄瓜多属于这种类型。代表品种有北京大刺、北京小刺、宁阳大刺、河南大刺、长春密刺、日本四叶等。

（3）长日照感应类型。这种类型的黄瓜在长日照条件下促进雌花着生，这可能与长日照条件下光合能力较强，光合产物积累较多有关。日本的黄瓜品种彼岸节成在长日照条件下表现为雌性系。在短日照条件下，下部的节位则分化出雄花，从而变成混性雌性型。

四、性型分化的化学调节

在生长发育过程中，内源激素含量的变化会影响黄瓜雌、雄性型的分化，而外源植物生长调节剂的使用同样会调节其雌、雄花的分化。赤霉素能促进多开雄花，乙烯利和其他生长抑制剂促进雌花的形成。

1. 促进雌花分化的化学调节 当黄瓜幼苗 2～4 叶期时，用 150mg/kg 乙烯利喷洒植株叶面，会明显增加雌花着生量。对于侧蔓结瓜和主侧蔓同时结瓜的品种，乙烯利处理的作用和效果更为明显，结瓜数和产量都增加。从季节来看，秋黄瓜处理后的增产效果比春黄瓜好。而对于主蔓结瓜为主的早熟品种，其处理效果不显著。

2. 促进雄花形成的化学调节 叶面喷施赤霉素可以抑制雌花分化，增加雄花着生量。虽然在雌性系中也有用 1 000～1 500 mg/kg 及以上浓度来处理植株的，但多数品种只需 50～100mg/kg 及以上浓度的赤霉素处理，就会大大减少雌花着生量的发生，增加雄花。在低温期使用时浓度可略高些，高温期浓度略低些。一次处理效果虽因浓度不同而有差异，但处理效果仅局限于处理后性型分化的几节，喷洒的赤霉素在较短时间内就失去活力。

在生产上还可以采用 300mg/kg 硝酸银来代替赤霉素对雌性株进行诱雄处理，而且其效果要比赤霉素好。

五、促进雌花分化的农艺措施

为了解决黄瓜的周年供应，现在的栽培方式已发生明显变化。各种栽培方式季节性变化很大，在育苗时应做好管理工作，保持苗床中适宜的温、光、肥、水、气等环境条件，从而促进雌花发生。

1. 温室加温或日光温室越冬栽培　育苗时在第一叶龄以前，苗床中应保持较高的温度，促进幼苗旺盛生长。在第二片叶展开后，采用低夜温的管理办法，促进雌花分化。由于当时日照时间较短，可以不控制日照时间。到第五至六叶期，黄瓜已经定植，当时的夜温和日照均已适合雌花分化。

2. 大棚或温室早熟栽培育苗　从 12 月中下旬到翌年 1 月初开始为一年中温度最低、日照最短的季节。该时段育苗，应充分利用日光，尽量保持较高温度（25～28℃），第二片真叶展开后，进行低夜温育苗，但苗床最低温度不宜低于 10～13℃。

3. 春露地栽培育苗　一般从 3 月中下旬开始，育苗期间气温逐渐升高，日照时间也逐渐延长。为了促进雌花分化，应从第二真叶期开始进行较为严格的苗期低夜温和短日照（每天 8h 日照）管理。

夏黄瓜一般采用直播的方法，如果育苗，就应该采取更为严格的低夜温、短日照管理措施。

秋黄瓜及秋延后栽培育苗期一般在温度高、日照长的 7～8 月。为了促进雌花分化，可以在苗期（2～4 叶期）用 100mg/kg 乙烯利喷洒叶面。但是，由于品种不同，喷施时幼苗的状态及处理前后温度条件不同，其增产效果也不相同。

第四节　黄瓜的果实发育

黄瓜果实是黄瓜生产的主要产品，果实生长发育、果实品质与种植者的经济收益紧密相关。黄瓜果实发育受多方面因素直接影响，尤其是外界光、温、湿、营养元素等的影响。此外合理调控黄瓜植株营养生长和生殖生长，也是获得高产的必要保证。

一、果实发育过程

黄瓜开花后5～6d迅速长大，瓜重1d约增加2倍；开花10d以后生育又趋迟缓，每天增重约30%；一般在开花后9～12d收获，这时黄瓜生长最盛期刚刚过后，生长速度逐渐下降而果实鲜嫩。如果采种，则果实还要继续发育，一般开花后40～50d，瓜皮变黄褐色或黄白色，表明已达生理成熟。

黄瓜果实的发育是靠细胞分裂增加细胞数目和细胞生长增加体积来实现的。果实的大小与形成果实细胞的数目和细胞的大小明显相关。细胞在分裂期间也有体积的增加，而这种体积的增加是为下一次细胞分裂做准备的，也就是说细胞分裂后先进行细胞生长，然后进行细胞分裂，分裂后的细胞再生长，准备进行下一次分裂活动，如此反复进行，直到细胞分裂停止后单纯进行细胞生长。

因此，为了促进果实生长，必须在开花前促使细胞旺盛分裂，形成更多的细胞，并在开花后促使细胞迅速生长。果实的发育和细胞生长关系密切，即使细胞数目多的果实，也会因为细胞生长不良而导致果实发育不好。

二、果实发育的外部条件

在黄瓜进入结瓜期后，营养生长与生殖生长同时进行。只有在营养生长与生殖生长协调进行时，果实才能正常生长发育，而其上部节位的花才能正常开放，形成新的果实。因此适宜的外界条件不仅有利于果实的生长发育，还有利于保持生殖生长和营养生长的均衡。

1. 温度　对于果实发育来说，适宜的日温为25～28℃。在此温度范围内，产量高，果实发育正常。当超过30℃时，营养生长过盛，植株徒长，叶片提前老化，造成向果实中运输的光合产物减少，瓜把伸长，果实变短，加之结实障碍，易形成"尖嘴瓜"；当温度达到 40℃时，光合作用急剧下降造成产量极度降低。

适宜的夜温为 13～15℃。在较高的夜温下，光合产物易于向果实中运输，从而有利于果实生长。但是由于光合产物向生长部分运输量减少，长时间会造成茎叶生长瘦弱，花发育不良而难以结瓜，最终导致产量下降。在较低的夜温下，由于物质运转不良和呼吸消耗减少，造成叶片中光合产物积累，光合产物再生产能力下降，生育推迟。

2. 光照　黄瓜比较耐弱光，但是光照不足也会造成其生长障碍和产量下降，叶色变淡，叶肉变薄，茎蔓变细；雌花发生率变化不明显，但有效雌花率显著下降，"化瓜"增多；果实生长缓慢，产量下降。因此，在保护地栽培条件下，如果光照不足，须采取积极的措施，如上午尽早打开不透明覆盖物进行补光。

3. 矿质营养　果实生长发育必须有充足的氮、磷、钾等矿质营养的参与。在花芽分化后到开花前的子房细胞分裂期，充足的矿质营养有利于形成肥大的子房。开花后充足的矿质营养也有利于子房细胞生长，从而形成大而鲜嫩的果实。当氮、磷、钾等矿质营养不足时，果肉细胞不能正常生长，果实发育不良。

4. 水分（湿度）　黄瓜果实含 90% 以上的水分，水对于果肉细胞的生长具有极其重要的作用。水分不足时，茎叶生长也会衰弱，造成花芽发育不良。在果实膨大期，如果水分不足，果实生长明显不良，此时会产生弯曲瓜或尖嘴瓜；瓜色不新鲜，品质降低，甚至形成苦味瓜。

在一天之中不同时间段，植株吸水量也不相同。早晨日出以后，随着气温升高，叶温也不断上升，叶面水分蒸发增强，导致植株吸水量增加。中午以后吸水量达到最大，此后，随着温度的下降，蒸腾作用降低，吸水量也同时下降。在夜间，由于气孔关闭，吸水量降至最低值。

黄瓜生育需要较多的水分，但如果灌水量过大，会表现出植株徒长、茎叶细软等症状，特别是在黄瓜生育初期，灌水会降低地温，对植株生长有抑制作用。

第三章 <<<

黄瓜栽培对环境条件的要求

黄瓜具有喜温、喜湿、耐弱光等特点，对环境条件如温度、光照、水分、气体及土壤肥料等有着其特殊的要求。

一、温　　度

黄瓜喜温暖不耐寒，适宜温度为 20～25℃，在不同生育时期对温度要求不同。植株生长的临界温度为 10～30℃，一般情况下，温度达到 32℃以上则黄瓜呼吸量增加，而净同化率下降；35℃左右同化量与呼吸量处于平衡状态；35℃以上呼吸量高于光合作用量；40℃以上光合作用急剧衰退，代谢机能受阻；45℃下 3h 叶色变淡，雄花落蕾或不能开花，花粉发芽力低下，导致畸形瓜发生；50℃下 1h 呼吸完全停止。黄瓜正常生长发育的最低温度是 10～12℃。在 10℃以下时，光合作用、呼吸作用、光合产物的运转及受精等生理活动都会受到影响，甚至停止。黄瓜植株组织柔嫩，一般－2～0℃为冻死温度。但是黄瓜对低温的适应能力常因降温缓急和低温锻炼程度而大不相同。未经低温锻炼的植株，5～10℃就会遭受寒害，2～3℃就会冻死；经过低温锻炼的植株，不但能忍耐 3℃的低温，甚至遇到短时期的 0℃低温也不致冻死。

二、光　　照

黄瓜属于比较耐弱光的蔬菜，所以在保护地生产，只要满足了温度条件，冬季仍可进行生产。但是冬季日照时间短，光照弱，黄瓜生育比较缓慢，产量低。炎热夏季光照过强，对生育也是不利的。在生产上夏季设置遮阳网，冬春季覆盖无滴膜和张挂反光幕，都是为了调节光照，促进黄瓜生长发育。

三、水　分

黄瓜喜湿不耐旱，由于黄瓜根系浅，叶面积大，它要求较高的土壤湿度和空气湿度。理想的空气湿度应该是苗期低，成株期高；夜间低，白天高。土壤相对湿度以发芽期 85% ～ 90%，苗期 60% ～ 70%，成株期 80% ～ 90% 为宜。空气湿度以白天 80%、夜间 90% 为宜。黄瓜在不同的生育阶段对水分需求也不相同，发芽期要求充足的水分，以便种子在适宜的湿度条件下萌发、出苗；在幼苗期应适当供水，但不可过湿，以防发生徒长和病害发生；在开花坐瓜期要适当控水，直到坐住根瓜；结瓜期营养生长和生殖生长量都很大，而且叶片面积大，光合作用和蒸腾作用都比较强，果实采收量不断增加，因而水分供应一定要充足，须经常浇水。但一次浇水过多又会造成土壤板结和积水，影响土壤的透气性，不利于植株的生长，特别是早春、深秋和隆冬季节，土壤温度低、湿度大时极易发生寒根、沤根和猝倒病。故在黄瓜生产上浇水是一项技术要求比较严格的管理措施。

四、气体条件

黄瓜根系的生长发育和吸收功能与土壤中 O_2 含量密切相关，土壤中 O_2 含量因土质、施有机肥多少、含水量大小及土层深浅等而不同。对黄瓜来说，土壤中适宜的 O_2 含量为 15% ～ 20%，如低于 2% 生长发育将受到影响。生产上增施有机肥、中耕都是增加土壤中 O_2 含量的有效措施。

土壤中 CO_2 含量和 O_2 相反，浅层土壤比深层中少。在常规的温度、湿度和光照条件下，空气中 CO_2 含量为 0.005% ～ 0.1% 时，黄瓜的光合强度随 CO_2 浓度的升高而增强。也就是说在一般情况下，黄瓜的 CO_2 饱和点浓度为 0.1%，超出此浓度则可能导致生育失调，甚至中毒。黄瓜的 CO_2 补偿点浓度是 0.005%，长期低于此限可能因饥饿而死亡。但在光照度、温度、湿度较高的情况下，光合作用的 CO_2 饱和点浓度还可以提高。露地生产由于空气不断流动，CO_2 可以源源不断地补充到黄瓜叶片周围，能保证光合作用的顺利进行。保护地栽培，特别是日光温室冬春茬黄瓜生产，严冬季节很少放风，室内 CO_2 不能像露地那样随时得到补充，必将影响光合作用，生产上可以通过增施有机肥和人工施放 CO_2 的方法得以补充。

CO_2 是植物光合作用的主要原料之一，而 CO_2 从大气进入植物叶肉细胞的叶绿体中主要依靠气体扩散实现，扩散速度的快慢与气体流动密切相关。因此气体流动对蔬菜生长发育有着显著影响。

五、土壤肥料

1. 需肥特性 黄瓜根系弱，地上部分繁茂，对土壤肥力要求较高。栽培黄瓜宜选富含有机质的肥沃土壤，这种土壤能平衡黄瓜根系喜湿不耐涝、喜肥不耐肥等矛盾。黏土发根不良，沙土发根较旺，但易老化。黄瓜喜欢中性偏酸性的土壤，在土壤酸碱度为 pH5.5～7.2 时都能正常生长发育，但以 pH 6.5 最适。pH 过高易烧根死苗，发生盐害；pH 过低易发生多种生理障碍，黄化枯萎，pH4.3 以下黄瓜就不能生长。因此栽培黄瓜，土壤必须要富含有机质，土壤保肥保水能力强，透气性好，pH 6～7 较为合适。

黄瓜吸收土壤营养物质量为中等，一般每生产 1 000kg 果实需吸收氮 2.8kg，五氧化二磷 0.9kg，氧化钾 9.9kg，氧化钙 3.1kg，氧化镁 0.7kg。对五大营养要素的吸收量以氧化钾为最多，其次为氧化钙，再次是氮，五氧化二磷和氧化镁较少。

黄瓜播种后 20～40d，即育苗期间，磷的效果特别显著，此时须加强磷肥的施用。氮、磷、钾各元素的 50%～60% 在采收盛期吸收，其中茎叶和果实中三元素的含量各占一半。一般从定植至定植后 30d，黄瓜吸收营养较缓慢，而且吸收量也少。直到采收盛期，对养分的吸收量才呈增长的趋势。采收后期氮、钾、钙的吸收量仍呈增加的趋势，而磷和镁与采收盛期相比基本上没有变化。

生产上应在播种时施用少量磷肥作为种肥，苗期喷洒磷酸二氢钾，定植 30d 前后（即根瓜采收前后）开始追肥，并逐渐加大追肥量和增加追肥次数。施肥时要注意氮、磷、钾的配合。氮素供应不足时，叶绿素合成受阻，叶色变黄，光合作用减弱，植株营养不良，下部叶片加速老化，落叶早，此外氮素不足还会影响到对磷的吸收。黄瓜缺磷时，光合产物运输不畅，致使光合强度下降，果实生长缓慢，同时叶片变小，分枝减少，植株矮小；细胞分裂和生长缓慢，造成子叶伸展不开，单位叶面积叶绿素累积，叶色暗绿。黄瓜缺钾时，养分运输受阻，根部生长受到抑制，整个植株的生长发育也受到限制，因此，在黄瓜整个生育期内缺钾时，黄瓜整个生长发育过程都会受到严重损害。所以黄瓜施肥应以有机肥为主，只有在大量施用有机肥的基础上提高土壤的缓冲能力，才能施用较多的速效化肥。施用化肥要配合浇水进行，以少量多次为原则。

2. 施肥技术要点

（1）施足有机肥。用腐熟的有机肥做基肥，一方面能为黄瓜提供全面的营养；另一方面对熟化土壤、改良土性也很有好处。有机肥料用量依具体条件而定，一般每 $667m^2$ 施用有机肥 5 000kg 左右。基肥中还应配施少量磷、钾肥，或以磷钾肥为主的三元复合肥。

（2）巧施坐瓜肥。黄瓜为无限花序，结瓜期较长，有两个多月。要求每结一批瓜后补以水肥。一般要求灌浑水（即将肥料溶于水中，随水施入畦内）与灌清水相结合，防止肥劲过猛，这样有利于黄瓜丰产。追肥应掌握轻施、勤施的原则，每隔 7～10d 追 1 次肥，每次每 $667m^2$ 施用尿素 10～15kg，并配以腐熟的人畜禽粪水，全生长期需追肥 7～8 次。

（3）重视施用钾肥。在基肥用量不足或土壤缺钾的情况下，必须施用钾肥。因为钾对增强黄瓜的抗病性和改善黄瓜品质均有良好的作用。在化学钾肥不足时，可用草木灰代替。

（4）喷施叶面肥。在生长中期喷施液体多元微肥 2 次，或喷施 0.2%～0.3% 磷酸二氢钾溶液，均有良好的增产效果。

第四章 <<<

黄瓜的主要类型及品种

黄瓜适于各地多样的生态环境条件，同时经受自然或人工选择的影响，形成了许多类型和品种。

第一节　黄瓜的主要类型

一、按地域分

黄瓜在我国栽培历史悠久，品种资源十分丰富。按地域分，目前我国黄瓜品种资源主要有华南系、华北系和混合系3个类型。华北系黄瓜瓜条较长，有棱有刺，根系较弱。华南型黄瓜瓜条短粗，较耐运输，少刺或无刺，根系发达。混合系是介于华北系和华南系中间的一种类型。由于新品种的引进，混合系也间有北美洲和欧洲黄瓜系统的类型。

华北系黄瓜栽培地主要限于我国北方，其他地方较少。我国南方栽培的是华南系的黄瓜品种，世界各国栽培的黄瓜也多以这一类型的品种为主。

二、按品种的栽培季节分

按品种的栽培季节分为春黄瓜、夏黄瓜和秋黄瓜3种类型。

春黄瓜一般表现为早熟性好，坐瓜节位低，苗期耐低温能力强。属于春黄瓜类型的代表品种有新泰密刺等。

夏黄瓜一般表现为早熟性较好，生长势和适应性较强，耐热性能好，抗病性较强。此类型黄瓜多为中早熟品种，如津研5号等。

秋黄瓜类型大多属于中晚熟品种，适应性、抗病性、抗热性均较强，对水肥的要求也不太严格，在中高温下长势良好，但在温室和春大棚中栽培一般表现较差，产量低，如津研 7 号、唐山秋瓜等。

三、按瓜型分

按黄瓜瓜型可分为刺黄瓜、鞭黄瓜、短黄瓜和小黄瓜 4 种类型。

刺黄瓜的瓜型大，比较晚熟，果面有稠密凸起的果瘤，果瘤上着生白色、黑色或棕黄色的刺毛。果肉厚、胎座小，在温室栽培时抗病性强，能稳产、高产。我国华北系的黄瓜品种大多属于这一类型。

鞭黄瓜的瓜条比刺黄瓜还要大，晚熟，果面比较光滑，没有或仅有稀疏果瘤和刺毛。果肉较厚，胎座较大。我国北方栽培较多，南方多进行秋黄瓜栽培。鞭黄瓜也属于华北系类型。

短黄瓜的瓜型较小，早熟，果面没有或很少果瘤，但刺毛比较稠密。茎节较短，叶片无缺刻，根系发达，抗寒性和耐热性均较强。我国南方早春露地栽培多采用这一类型的品种。此类型属于华南系，但也有欧美型粗短黄瓜。

小黄瓜瓜条小，极早熟，果肉薄，胎座大，主要用于酱制腌渍，是在幼瓜长 5～10cm 时采收。属于欧美黄瓜一个类型，我国也有栽培。

第二节　黄瓜的主要优良品种

近年来，我国生产中黄瓜栽培品种较多，也比较复杂，一物多名的现象比较普遍。因此，这里根据生产上的应用情况，选择有代表性和有推广前景的一些品种进行介绍。

1. 川翠 3 号　属华北系类型黄瓜。中熟，长势中等，茎节间 12～18cm，叶片中等大小，主蔓第一雌花节位 6～8 节，前期雌花率 25％左右，后期雌花率达 50％以上。瓜直筒形，瓜条顺直，瓜把短，腰瓜长 35～38cm，横径 2.8～3.5cm，单瓜重 200～300g。

瓜色深绿，瘤显著，果肉绿色，口感脆嫩，味甜。商品率高。对黄瓜霜霉病、白粉病等主要病害田间表现抗性强。

2. 川绿 2 号 属华南系类型黄瓜。早熟，定植至始收 45～50d；早春提前大棚种植，第一雌花节位 2～3 节，雌花率 95％以上，以主蔓结瓜为主，一株能同时坐 2～4 条瓜。瓜皮绿色，上有白色条纹，刺瘤中等大小，稀少。瓜长 18～22cm，横径 3.8～4.2cm，根瓜稍短，腰瓜稍长，商品瓜单瓜重 180～200g。种子披针形，扁平，种皮黄白色，千粒重 28g 左右。

3. 翡翠 属欧洲温室型品种。生长势强，叶色深绿，主蔓结瓜为主，雌花节率 105.1％，平均第一雌花节位 3.5 节，熟性早。成瓜快，回头瓜多。瓜短棒形，皮色绿有光泽，瓜条顺直，表面有浅棱沟，无刺毛，瓜长 17.4cm，横径 3cm，平均单瓜重 98g。果肉厚、淡绿色，心腔细，质地脆嫩，风味口感好。耐低温性好。白粉病病情指数 0，霜霉病病情指数 31.9，枯萎病发病株率 9.0％。在胶东地区作为早春保护地栽培。

4. 青研黄瓜 3 号 属华南系类型保护地品种。生长势强，叶色绿，主蔓结瓜为主，雌花节率 86.2％，平均第一雌花节位 3.9 节，熟性中等。瓜短棒形，皮色绿，瓜条顺直，瓜表面光滑无棱沟，刺瘤白色，小且稀少，瓜长 18.9cm，横径 3.2cm，平均单瓜重 120g。果肉淡绿，质地脆嫩，风味口感好。耐低温性好。白粉病病情指数 7.1，霜霉病病情指数 34.0，枯萎病发病株率 0.6％。

5. 青研黄瓜 2 号 属华南系类型保护地品种。生长势强，叶色绿，主蔓结瓜为主，雌花节率 84.2％，平均第一雌花节位 3.9 节，熟性早。瓜短圆筒形，皮色浅绿，瓜条顺直，瓜表面光滑无棱沟，刺瘤白色，小且稀少，瓜长 21.4cm，横径 3.2cm，平均单瓜重 121.2g。果肉淡绿，质地脆嫩，风味口感好。白粉病病情指数 7.1，霜霉病病情指数 33.1，枯萎病发病株率 6.1％。

6. 华黄瓜 6 号 属早熟黄瓜品种。植株较紧凑，生长势强。以主蔓结瓜为主，第一雌花节位着生在主蔓第四至六节，每 2～3

节着生 1 朵雌花，连续结瓜能力强。瓜条端直，瓜刺白色，较密、匀，瓜把短，瓜皮亮绿色，果肉淡绿色，3 心室，腔小肉厚，瓜长 35cm 左右，单瓜重 350g 左右。耐低温、弱光性较强。对叶斑病、霜霉病抗（耐）性较强。适于华中地区早春、延秋后大棚栽培。

7. 夏美伦　定植 45d 左右收获。株高 8～15cm，茎粗 0.5cm 以上，单叶，花期长，采收期为 3 个月以上。果实深绿色，微有棱，无刺，瓜长 15～18cm，单瓜重 99g。高抗霜霉病。适宜日光温室及其他保护地种植。

8. 莞绿 1 号小黄瓜　杂交一代组合。从播种至始收春季 55d、秋季 45d，延续采收期春季 40d、秋季 42d，全生育期春季 95d、秋季 87d。生长势强，叶片绿色。分枝数 5.0～7.3 条，第一雌花着生节位 5.1～5.3 节。瓜短棒形，瓜皮春季呈深绿色、秋季呈绿色，瘤小、刺瘤密、白刺；横切面呈圆形，肉质脆，含水量中等；瓜把长 3.4～3.8cm，瓜长 19.8～20.0cm，横径 3.15～3.16cm，肉厚 0.98～1.09cm，单瓜重 117.3～136.1g，单株产量 1.89～2.05kg，商品率 95.98%～96.56%。中抗枯萎病，高感疫病，田间表现耐热性、耐寒性、耐涝性与耐旱性均强。适宜长江流域冬、春季设施栽培。

9. 粤青 1 号　杂交一代组合。从播种至始收春季 61d、秋季 40d，全生育期春季 95d、秋季 69d。生长势强，叶片绿色。分枝性中等，分枝数 2.5～8.1 条，第一雌花着生节位 5.2～7.2 节。瓜长棒形，瓜皮深绿色，瘤小、刺密、白刺；横切面呈圆形，肉质脆，含水量多；瓜把长 3.9～4.5cm，瓜长 37.6～38.2cm，横径 4.1cm，肉厚 1.18～1.19cm，单瓜重 362.9～391.8g，单株产量 1.48～2.51kg，商品率 87.15%～88.87%。中抗枯萎病，高感疫病。田间表现耐热性、耐寒性与耐旱性强，耐涝性中等。适宜华南地区春、秋季种植。

10. 浙新 302　该品种植株生长势强，最大叶片长和宽分别为 28cm 和 29cm，叶柄长 23.2cm。主蔓结瓜，第一雌花着生节位 4.2 节，其后每 2～4 节有 1 朵雌花，雌花节率 30.3%。瓜长棒形，瓜长 38cm 左右，横径约 3.7cm，瓜把长 4.5cm 左右，平均单瓜重约 300g；皮色深绿，有光泽，瘤多、刺密、白刺，果肉浅绿色，肉质脆嫩。高抗白粉病，中抗霜霉病，抗枯萎病。

11. 津优 305 植株生长势强，叶片中等大小，雌性型，单性结实能力强，主蔓结瓜为主，分枝能力中等。瓜条生长速度中，早熟性好，一般 3～4 条瓜一起膨大。瓜条棒状，皮色深绿均匀，光泽度好，刺瘤中等，无棱，商品性佳。腰瓜长 32～34cm，瓜把小于瓜长的 1/7，心腔小于瓜横径的 1/2，单瓜重 200g 左右，品质好。适应性强，不早衰，耐低温、弱光能力强。中抗霜霉病、白粉病，抗枯萎病、褐斑病。适宜日光温室越冬茬栽培。

12. 博美 28 植株生长势较强，叶片中等偏大，叶色深绿，以主蔓结瓜为主，回头瓜多，丰产潜力大，单性结实能力强，瓜条生长速度快。早熟性好，持续坐瓜能力强，适应性强。瓜条顺直，皮色深绿，光泽度好，无黄线，瓜把小于瓜长的 1/7，心腔小于瓜横径的 1/2，刺密、瘤适中，无棱，瓜型美观，腰瓜长 35cm 左右，畸形瓜率极低，果肉淡绿色，肉质甜脆，瓜色深绿，品质好，商品性佳。抗霜霉病、白粉病、枯萎病和褐斑病。该品种生育期长，不易早衰，产量均衡。适宜保护地多茬口、长周期栽培。

13. 博美 5032 植株生长势强，叶片中等大小，分枝能力中等。主蔓结瓜为主，瓜条生长速度快。瓜条棒状，皮色深绿均匀，光泽度好，刺瘤中，无棱。腰瓜长 32cm 左右，瓜把小于瓜长的 1/7，心腔小于瓜横径的 1/2，单瓜重 200g 左右，品质好，商品性佳。抗霜霉病、白粉病、枯萎病、病毒病，耐热能力强。适宜春、秋及越夏露地栽培。

14. 博美 517 植株生长势较强，叶片中等大小，主蔓结瓜为主，单性结实能力强，有侧枝。瓜条生长速度快。早熟性较好，耐低温、弱光能力较强。瓜条棒状，皮色深绿均匀、光泽度极好，刺瘤稀。腰瓜长 30cm 左右，单瓜重 200g 左右。瓜把小于瓜长的 1/7，心腔小于瓜横径的 1/2，品质好。抗霜霉病、白粉病、枯萎病。适宜春、秋大棚栽培。

15. 博美 47 号　植株生长势中等，叶片中等大小，主蔓结瓜为主，雌性系，单性结实能力强，瓜条生长速度快，一般 3～4 条瓜一起膨大。早熟，耐低温、弱光能力强。瓜条棒状，皮色深绿均匀，光泽度好，刺瘤中等，无棱，腰瓜长 32～34cm，瓜把小于瓜长的 1/7，心腔小于瓜横径的 1/2，单瓜重 200g 左右，品质好，商品性佳，适应性强，不早衰。中抗霜霉病、白粉病，抗枯萎病、褐斑病。适宜日光温室越冬茬栽培。

16. 博美 10 号　植株生长势强，叶片中等大小，耐低温、弱光能力强。单性结实能力强，主蔓结瓜为主，分枝能力中等。瓜条生长速度快，早熟性好。瓜条棒状，皮色深绿均匀，光泽度好，刺密、瘤中等，无棱，商品性佳。腰瓜长 32～33cm，瓜把小于瓜长的 1/7，心腔小于瓜横径的 1/2，单瓜重 200g 左右，品质好。适应性强，不早衰。中抗霜霉病、白粉病，抗枯萎病。适宜日光温室越冬茬及早春茬栽培。

17. 德瑞特 D19　植株生长势强，叶片中等大小，主蔓结瓜为主，单性结实能力强，回头瓜较少。瓜条生长速度中等，早熟性较好，耐低温、弱光能力强。瓜条棒状，皮色深绿均匀，光泽度好，刺瘤中等，无棱，商品性佳。腰瓜长 32～34cm，瓜把小于瓜长的 1/7，心腔小于瓜横径的 1/2，品质好，单瓜重 200g 左右。适应性强，不早衰。抗霜霉病、白粉病、枯萎病和褐斑病。适宜日光温室早春茬和秋冬茬栽培。

18. 津优 307　植株长势较强，叶片中等大小，主蔓结瓜为主。第一雌花节位 4 节左右，连续结瓜能力强，瓜条生长速度快，商品性突出且表现稳定。瓜条棒状，整齐顺直，瓜长 32cm 左右，瓜把短，瓜色绿，有光泽，刺瘤适中，无棱，瓜腔小，果肉淡绿色，口感脆甜，单瓜重 200g 左右。耐低温弱光能力强，丰产性好。高抗褐斑病、黑斑病，抗枯萎病，中抗黄瓜霜霉病和白粉病。适宜越冬日光温室和冬春日光温室栽培。

19. 津优 401　植株长势较强，叶片中等大小，叶色绿。瓜长 35cm 左右，瓜把短，不溜肩，瓜长是瓜把长的 7.5 倍，心腔小于瓜横径的 1/2，单瓜重 200g 左右，瓜条顺直、亮绿，刺瘤好，商品瓜率高。雌花分布均匀，持续结瓜能力强，丰产性好。抗霜霉病、白粉病、枯萎病、病毒病等病害。适合露地及春、秋大棚栽培。

20. 津优 108 植株长势强，叶片中等大小，叶色深绿。瓜长 36cm 左右，瓜把短，单瓜重 200g 左右，瓜条顺直、亮绿，刺瘤中等，口感脆甜，无苦味，商品率较高。持续结瓜能力强，丰产性好。高抗霜霉病、白粉病，抗枯萎病、病毒病等病害。适合露地及秋大棚栽培。

21. 津优 107 植株长势中等，叶片大小 25.4cm×24.7cm，叶色绿。主蔓结瓜为主，春季栽培第一雌花节位 3～4 节。瓜条棒状，顺直，瓜长 33cm 左右，瓜把小于瓜长的 1/7，瓜腔小于瓜横径的 1/2，单瓜重 200g 左右。瓜色深绿，有光泽，刺瘤中等，无棱，口感脆甜，无苦味。抗黑斑病、枯萎病、霜霉病和白粉病。适合春、秋大棚栽培。

22. 中农 18 杂交一代黄瓜品种。中早熟，从定植到始收 42d 左右。植株生长势强，分枝中等。第一雌花节位 5 节左右，间隔 0～2 片叶出现 1 朵雌花，节间中等长度。瓜棍棒形，深绿色，无棱，腰瓜长 33cm 左右，瓜横径 3.2cm，瓜把短。刺瘤较密，口感较好。适合华北地区春季露地栽培。

23. 中农 28 杂交一代黄瓜品种。早熟，从定植到始收 40d 左右。植株生长势强，分枝中等。第一雌花节位 4 节左右，间隔 0～2 片叶出现 1 朵雌花，节间较长。瓜棍棒形，深绿色，无棱，腰瓜长 30cm 左右，瓜横径 3.0cm 左右，瓜把短。刺瘤密，口感好。适合华北地区春季露地栽培。

24. 冬之光 无限生长型黄瓜品种。株型紧凑，节间短。果实绿色，瓜长 16～18cm，横径 3cm，无刺，单瓜重约 100g。对黄瓜花叶病毒病、白粉病和疮痂病具有较强抗性，中抗霜霉病。适宜早春、早秋、秋冬日光温室等保护地种植。

25. 青丰 3 号 杂交一代华南系类型黄瓜品种。从播种至始收春季 66d、秋季 43d，全生育期春季 101d、秋季 69d。生长势和分枝性强，叶片春季呈深绿色、秋季呈绿色。第一雌花着生节位春季 5.5 节、秋季 9.4 节。瓜短呈圆筒形，黄绿色，瘤小、刺疏、白刺；横切面呈圆形，肉质硬，含水量中等；瓜把长 1.20～1.80cm，瓜长 23.90～24.1cm，横径 5.11～5.24cm，肉厚 1.49～1.52cm，单瓜重 381.20～422.90g，单株产量 1.48～1.85kg，商品率 90.79%～94.70%。中抗枯萎病，高感疫病。耐热性、耐寒性与耐旱性强，耐涝性中等。适宜华南地区春、秋季种植，栽培上要注意防治疫病。

第 五 章 <<<

黄瓜间作套种及高效栽培模式

　　农作物间作套种是一项时空利用技术，能充分利用季节、土地、气候等条件，提高复种指数，实现农作物一年多熟种植、高产高效。在农业上，根据农作物之间相生相克的原理进行巧妙搭配、合理种植，可以有效减轻一方或双方病虫害发生的可能，不仅大大减少了化学农药的使用，降低了农产品的生产成本，促进了农产品增产、提质、增收，还保护了人们赖以生存的自然环境。

第一节　黄瓜间作套种的原则

　　黄瓜间作套种应遵循以下几个原则：

　　（1）巧用黄瓜生长"时间差"。选择作物生长前期、后期或利于蔬菜生长但不利于病虫害发生的季节间套作。

　　（2）利用黄瓜生长"空间差"。选择不同高矮、株型、根系深浅的作物间作套种。

　　（3）利用引起病虫害的"病虫差"。在确定间作套种方式时，为避免病虫害的发生和蔓延，不宜将同科的蔬菜搭配在一起或将具有相同病虫害的作物（如瓜类）进行间套作。

　　（4）利用病虫害发生条件的"生态差"。综合土壤—植物—微生物三者关系，运用植物健康管理技术原理，选择适宜作物间作套种。如生姜—黄瓜—榨菜立体栽培。该模式中，黄瓜、生姜、榨菜科属迥异。一是它们对土壤中养分种类的吸收不完全一致，有利于保持地力和防止早衰；二是使病原菌和害虫失去寄主和改善生态环境，减轻或消灭了相互间交叉感染和病虫基数积累，病虫发生危害轻；三是黄瓜为喜光作物，生姜为喜雨作物，正好阴阳互利。如平菇与黄瓜、番茄、菜豆间作；春玉米、秋黄瓜、大蒜间作套种。

第二节　黄瓜间作套种的茬口安排

我国是季风性大陆气候国家，横跨热带、温带和寒带3个气候区，有山区，有高原，这种复杂的气候及地理环境造成了我国黄瓜栽培茬口的地方性和多样性。

一、我国黄瓜种植的主要茬口

目前我国的黄瓜种植主要有以下茬口：春大棚种植、春露地育苗种植（包括春季小拱棚种植）、春露地直播种植（包括露地直播后用地膜覆盖种植）、夏露地种植、秋露地种植、秋大棚种植、秋延后温室种植、越冬日光温室种植、早春温室种植（包括大棚多层覆盖种植）、冬露地种植，并且不同地区的栽培茬口、播种时间及适宜品种也各不相同。

二、我国黄瓜的主要种植区

根据不同的地理位置及栽培习惯，现在我国大体上可以分为以下6个黄瓜种植区。

1. 东北类型种植区　主要包括黑龙江、吉林、辽宁北部、内蒙古、新疆的北疆等地区。此区冬季气候严寒，虽然越冬加温温室黄瓜种植面积呈逐年上升趋势，但其栽培总面积仍然很小，主要为露地、大棚及节能日光温室栽培。大棚多层覆盖栽培在此区应用的比较多。

2. 华北类型种植区　主要包括辽宁南部、北京、天津、河北、河南、山东、山西、陕西、江苏北部。这是我国黄瓜栽培茬口最多的一个地区，是我国主要的温室大棚黄瓜种植区。华北地区也是我国黄瓜最大生产区。

3. 华中类型种植区　主要包括江西、湖南、湖北、浙江、上海、江苏、安徽，此区主要为露地和大棚黄瓜栽培，近几年来也发展了一些越冬日光大棚,用以冬季栽培黄瓜(表5-1)。

表5-1 华中地区黄瓜主要栽培茬口及播种时间一览

类 别	栽培方式	主要品种	播 期
露地黄瓜	春露地育苗	津春4号、津春5号	2月中旬至3月中旬
	春露地直播	津春4号、津春5号、津研4号	3月中旬至4月中旬
	秋露地直播	津春4号、津春5号、津研4号	7月上旬至8月下旬
大棚黄瓜	春大棚	津春2号、早丰1号	1月上旬至2月上旬
	秋大棚	津春2号、津春5号	8月下旬至9月下旬

4. 华南类型种植区 主要包括广东、广西、海南、福建、云南。此区一年四季均可露地种植黄瓜,在冬季也有一些小拱棚及地膜覆盖栽培,但因其夏季温度偏高,夏黄瓜种植面积较小。

5. 西南类型种植区 主要包括四川、重庆、贵州、云南、西藏等地区。此区属于高原地区,虽然纬度低,但海拔高,多山,气候及地理环境复杂,栽培茬口比较复杂,主要为露地及大棚栽培,近两年在四川、重庆的高山地区,节能日光温室黄瓜有了一定的栽培面积。

6. 西北类型种植区 主要包括甘肃、宁夏、新疆南疆。此区黄瓜栽培基础较差。但近几年来黄瓜的种植面积有了很大的发展,特别是保护地黄瓜的种植面积有了很大的发展,只是在种植技术方面与华北地区等黄瓜栽培基础好的地区还有一定的差距。

第三节 黄瓜高效栽培模式

黄瓜的高效栽培,首先要做好茬口安排。茬口安排最好是与瓜类作物有3年以上的间隔,以减轻土传病害的发生。其次,平衡施肥,重施有机肥,少施化肥。再次,选好药剂。保护地施药方式以"烟剂为主,灌根为辅,少用喷雾"为佳。塑料大棚黄瓜早熟栽培要尽量争取早熟。因为只有早上市、早期产量高,才能获得高效益。而后期产品价格低、效益差。但是春大棚黄瓜提早定植具有一定的风险性，主要由于 3 月天气易变不稳定，生产上要加强对灾害性天气的防御，准备好防寒设施，育苗时适当多留余苗，以便补栽。冬前深耕晒垡，采取高畦地膜覆盖栽培，以利于蓄热，增加地温。主要栽培模式有以下几种：

一、生菜—小白菜—黄瓜间作套种栽培模式

近年来，长江中下游地区的一些大、中棚蔬菜种植户采用此种栽培模式，提早扣棚，提前种植提前上市，每 667m² 效益可达 10 000多元。

1. 茬口安排　1 月底至 2 月初扣棚，使土壤提前解冻。生菜与第一茬小白菜间作，生菜于 1 月中旬在育苗棚内育苗，2 月中下旬移栽；小白菜于 2 月中旬播种，4 月上旬收获。这茬生菜市场价格 1.2～1.6 元/kg，每 667m² 产量 1 500～2 000kg，纯效益 2 000元左右。小白菜市场价格 1 元/kg，每 667m² 产量 1 750kg，纯效益 1 500元。第二茬小白菜与第三茬黄瓜的苗期有一段共生期，小白菜于 4 月初播种，5 月中旬收获。第三茬黄瓜套种在小白菜畦内，苗期与小白菜共生一段时间，7 月拉秧。小白菜每 667m² 纯效益 1 200元。黄瓜在五一劳动节前后陆续上市，平均市场价格 1.6 元/kg，每 667m² 产量 4 000～5 000kg，获纯利 6 000多元。

2. 栽培技术要点

（1）第一茬小白菜选用品种为苏州青帮。采用畦式直播，在冷棚内做成南北走向宽 1～1.2m 的畦。播种时撒播于畦内，4 月上旬收获。

（2）生菜选用品种为美国大速生。先育苗，在向阳背风的地方建一个后墙高 1.2m、厚 0.8m 的简易小型日光温室，作为育苗棚，加盖草苫保温。1 月中旬在育苗棚内播种育苗，种子用 20℃ 的温水浸 3～4h，捞出后拌沙催芽，2～3d 后播种，苗床每平方米施优质细粪 5kg，压细的磷酸钾 0.5kg。深翻耙细搂平浇透水，将催好芽的种子均匀撒在苗床上，扣上地膜，棚室温度 20～25℃，出苗后及时去掉地膜，然后移栽，当苗长至 2 叶 1 心、高 10～15cm 时，

即可移栽于冷棚内的畦埂上。株距25~35cm。生菜成熟期不一致，应分期采收上市。

（3）第二茬小白菜在第一茬小白菜收后，及时抢种于畦内，播种方法与第一茬相同。

（4）黄瓜选择生长势强、丰产性好、茎粗节短、结瓜密、口味好的品种，如唐山秋瓜。育苗：在3月上旬于育苗棚内用营养土育苗。一是配制营养土，6份田园土加4份腐熟的圈粪，每平方米加入50%多菌灵80g，拌匀过筛。将营养土铺10cm厚浇透水准备播种。二是浸种催芽，将种子放入55℃水中搅拌至水温30℃浸泡0.5h，捞出后用纱布包好，放在30℃条件下催芽，待50%的种子露白时即可播种。播种时将催好芽的种子均匀撒在苗床上。种子间距2cm，盖上地膜，温度保持在25~30℃，当种子有2/3出苗时，将地膜撤掉，苗出齐后2~3d开始通风炼苗。移栽：当秧苗长至3叶1心时即可移栽到小白菜畦中，与小白菜有段共生期。管理：一是第一茬小白菜收完后，及时进行浅耕，以促进根系下扎，当植株长到5~6片叶时及时绑蔓吊蔓；使植株通风透光，有利于生长。二是揭棚以后，外界气温逐渐升高，注意防止病害的发生。

二、春玉米—秋黄瓜—大蒜间作套种栽培模式

在华中地区实行春玉米、秋黄瓜、大蒜间作套种，主要是利用冬季土地空闲种植大蒜，春玉米提前上市（以鲜食玉米为主），玉米秸秆作为秋黄瓜支架，同时可在秋黄瓜苗期遮阳。该种植方式一年三作三收，种植效益较高。

1. 茬口安排 春玉米于当年4月上旬播种，大小行种植，大行距90cm，小行距25cm，株距25cm。选用品种以农大108等为宜。6月中旬于春玉米大行内播种两行黄瓜，黄瓜行距40cm，黄瓜与玉米间距25cm，生长期以玉米秸秆作为支架。黄瓜选用品种以津杂2号、津春4号等品种为宜。9月下旬，秋黄瓜收获末期将秋黄瓜及玉米秸秆全部收获，耕翻后播种大蒜。

2. 栽培技术要点

（1）春玉米。春玉米播种前每 667m² 施磷酸二铵 20kg、尿素 25kg、钾肥 15kg 及适量有机肥。春玉米在第 10 片叶展开时一次性追肥，在苗侧 15cm 处深施。

（2）秋黄瓜。6 月中旬于春玉米大行内播种两行黄瓜，黄瓜行距 40cm，黄瓜与玉米间距 25cm，生长期以玉米秸秆作为支架。秋黄瓜追肥按照勤施少施的原则，适当早施。9 月下旬，秋黄瓜收获末期将秋黄瓜及玉米秸秆全部收获，耕翻后播种大蒜。

（3）大蒜。播种大蒜前，每 667m² 施腐熟人畜粪肥 2 000～3 000kg、过磷酸钙 30kg，大小行种植，大行距 30cm，小行距 17cm。大蒜 6 行为一个种植带，地膜覆盖，翌年 4 月收获。

三、北方温室越冬黄瓜间作春茬菜豆双种高效栽培模式

经多年生产实践证明，只要做好温室黄瓜茬口安排、品种选择、适时播种、合理定植、加强温室管理和病虫害防治等工作，并注意适时收获，越冬黄瓜间作春茬菜豆双种双收栽培模式，切实可行，效益显著。在我国东北地区每 667m² 温室纯收入可达 8 万～10 万元，比常规单茬模式增收 2 万～3 万元，有较好的推广价值。

1. 茬口安排　第一茬越冬黄瓜，于 9 月上旬定植，10 月 1 日之前开始上市，连续采收到翌年 4 月中旬至 5 月中下旬。第二茬与黄瓜间作的春茬菜豆，于 2 月中旬至 3 月下旬播种，4 月下旬至 5 月下旬收获。

2. 越冬黄瓜栽培技术要点

（1）整地与施底肥。合理施入底肥是越冬黄瓜高产的关键。

（2）黄瓜苗于 9 月上旬及时定植。

（3）田间管理。定植前 7d，棚温控制在 32～35℃，夜温控制在 15～18℃，提高地温，促进缓苗。定植 7～10d 后，要进行低温炼苗。棚温白天控制在 23～28℃，夜间控制在 10～15℃，利于冬季抗寒和形成健康株系。低温炼苗 3～5d 后，可进入正常管理。白天棚温 28～32℃，夜间 18～10℃。结瓜前期浇水以不旱不浇为原

则。黄瓜不喜过于干旱，在管理中不要过度控水。但为了促进结瓜，控制徒长，结瓜前期浇水要控制水量不宜过大，确保植株不徒长。肥料基本以促根肥为主，黄瓜从始花期开始缓慢进入需肥高峰期，到初瓜期完全进入需肥高峰期，直到第一次落蔓前，黄瓜一直处于高水肥需求中，这一时期是黄瓜生育期中最重要的供肥时期。

（4）及时采收。初瓜期黄瓜植株较小，水肥矛盾突出，根瓜应适时采收，防止瓜多坠秧。为培育出健壮的株系，越冬前不要过度压瓜，应适时早摘。

3. 间作春茬菜豆栽培技术要点

（1）种植前准备。春茬菜豆播种不需做畦和整地，只需把黄瓜秧进行1次去底叶清理，不让瓜叶遮盖地面。在2月中下旬至3月下旬播种，将菜豆种子直接播种在黄瓜植株间，穴距60~70cm，每穴播5粒种子，确保出苗3株即可，多余的去除。品种选择泰国架豆，不用施底肥，直接挖坑播种即可。

（2）田间管理。菜豆出苗后，及时上架，无需其他特别管理。当菜豆生长到1m高时去尖，只需正常管理黄瓜，正常浇水施肥。此期要根据黄瓜价格和长势来调整菜豆生长。黄瓜产值好时，控制菜豆生长，去尖控长；黄瓜产值低时，促进菜豆生长。菜豆开花后要降低棚温，将棚温控制在30℃以下，黄瓜还能继续与菜豆共生30d左右。在菜豆生长期，只需去掉少量的黄瓜叶片，减少遮盖。当菜豆生长到一定程度，黄瓜无法再良好生长时，可清除黄瓜植株，让菜豆继续生长。加强棚室通风，尽量降低棚温，气流流动和凉爽的环境条件更利于菜豆高产。

（3）及时采收。菜豆播种后，70d左右即可采收。播种早的70~75d采收，一般可连续采收60~90d。

四、大棚草莓间套作水果黄瓜栽培模式

大棚草莓间套作水果黄瓜高效栽培模式在常熟市支塘生态园试种成功，取得了很好的经济效益。草莓间套作水果黄瓜即采用高矮互补、阴阳互利的原理，茬口间衔接好、操作方便、实用性强、经济效益高。现将该模式主要栽培技术介绍如下。

1. 茬口安排　草莓于 9 月中旬移栽，翌年 4 月底采收结束，拉秧露地育苗。黄瓜在 3 月上旬育苗，4 月上旬移栽，与草莓共生期 20d，5 月上旬吊蔓。

2. 黄瓜栽培技术要点

（1）培育壮苗。黄瓜在 3 月上旬采用大棚穴盘基质育苗，培育短叶柄、茎粗健壮苗，防止出现高脚苗。在 4 月上旬定植，每畦单行种植，株距 35cm。

（2）田间管理。及时去除侧枝，并进行疏瓜，摘去 4 叶以下的雌花及畸形瓜。草莓拉秧后，及时施黄瓜基肥，肥料可深施在拔去草莓的空穴内，每 667m² 施硫酸钾型复合肥 30kg。第四节坐瓜后，可通过地膜下软管追施水溶性肥料，以后每坐 1 个瓜追 1 次肥，每 667m² 施黄瓜专用肥 4～6kg。中后期可加喷 0.3% 磷酸二氢钾溶液，7～10d 喷 1 次，或施用施可得公司生产的果增好，可提高黄瓜品质并延长坐瓜期。

3. 草莓栽培技术要点

（1）草莓品种选择。选用休眠浅、低温条件下可进行花芽分化、对弱光适应力强，耐阴耐寒的品种，如丰香、明宝、章姬等。

（2）整地筑畦。结合整地筑畦，每 667m² 施优质腐熟农家肥 2 000kg、钙镁磷肥 20kg、三元复合肥（N - P - K＝15 - 15 - 15）50kg 做基肥，筑畦宽 45cm，沟宽 45cm，沟深 25cm。

（3）定植。定植前，每 667m² 施 50% 辛硫磷颗粒剂 2～2.5kg，翻入土中，防治地下害虫。选用具有 6 片展开叶、叶柄短、叶肉厚、根茎粗 1cm、根系发达的健壮苗，于阴天或晴天下午和傍晚定植。定植时注意弓背朝向沟内，便于后期管理和采收。定植深度以深不埋心、浅不露根为宜，双行种植，每 667m² 栽 7 500 株左右。

（4）田间管理。10 月底 11 月初畦面覆盖黑色地膜，膜下铺设软管，用于追肥补水。当最低气温低于 10℃ 时，采用大、中、小棚三膜覆盖，11 月中旬覆盖中棚，11 月下旬覆盖小棚。草莓适宜生长温度为 18～25℃，力争棚内温度白天保持 25℃ 以上、夜间 5℃ 以上。开春后，当温度达到 30℃ 时，应及时通风降温保果，棚内相对湿度宜保持 60%～70%。及时剥除老叶、残叶、病叶及抽发的匍匐茎，减少养分消耗和病虫害的发生。当草莓始花时，采用放蜂辅助授粉，按 1 株苗 1 头蜂的数量放蜂。放蜂前 15d 停止用药，并注意疏花疏果。草莓果实进入膨大期，要重施膨果肥，一般每 667m² 追施草莓专用肥 8～12kg，可用地膜内软管随水追施。

（5）病虫害防治。草莓病虫害主要有白粉病、灰霉病、炭疽病、蚜虫、红蜘蛛和斜纹夜蛾等。应科学倒茬，合理施肥浇水，科学调控环境，及时清除老叶、病叶。

（6）适时采收。草莓从开花到成熟需要一定的积温，一般为 600℃。在成熟度 80% 采收，采收晚，浆果容易腐烂，采收过程中避免人为损害。

五、青蒜苗—鲜食毛豆—夏黄瓜栽培模式

在我国华北地区，采用青蒜苗—鲜食毛豆—夏黄瓜栽培模式，技术简单，病虫害较轻，效益稳定，是值得推广的一种高效种植模式。

1. 茬口安排 青蒜苗需在塑料暖棚中种植，9～10 月播种，春节前后上市；鲜食毛豆 2～3 月直播；黄瓜 6 月上旬直播，8 月底 9 月初拉秧。三茬合计每 667m² 效益可达 1 万元以上。

2. 青蒜苗栽培技术要点

（1）品种选择。选用不易抽薹的紫皮蒜，生产的青蒜苗假茎粗、品质好、产量高。

（2）整地播种。在整地前每 667m² 施入 1 000～1 500kg 充分腐熟的有机肥，耕耙平整后按畦宽 1～1.2m 做畦。选较大的蒜瓣做种，播种时要将蒜瓣按大小分级，播后要浇大水。一般行距 13～15cm、株距 5cm，每 667m² 用蒜种 300～350kg。

（3）田间管理。青蒜苗在播后苗前要小水勤浇。10 月下旬扣

棚，11 月下旬盖草苫，冬季棚温保持白天 18～20℃，夜间 10℃左右。如遇温度过高时，应及时通风降温、排湿，防止叶片黄化、腐烂。收割前半月适当降低棚温至 12～16℃，以防生长过快、蒜苗变黄而影响产量和质量。

（4）适时采收。青蒜苗的采收期不严格，一般蒜苗长至 30cm 以上、顶叶打旋时即可采收。

3. 鲜食毛豆栽培技术要点

（1）品种。选用早熟高产抗病的辽鲜 1 号、宁蔬 60、华春 18 等品种。

（2）播种。穴播，行距 25～30cm，穴距 20cm，每穴 2～3 株，每 667m² 保苗 25 000～30 000 株。

（3）田间管理。播种时要造足底墒，出苗后一般不浇水，蹲苗扎根，以利形成壮苗。开花结荚期需水量大，如土壤干旱应及时灌水，否则会落花落荚。花期施肥对增加产量十分重要，应在开花初期视苗情每 667m² 施尿素和氯化钾各 5～10kg。

（4）适时采收。在始花后 38d 左右、豆荚充分鼓粒、荚皮鲜绿时及时采收。过早采收产量较低，过晚则品质老化，商品性差。

4. 夏黄瓜栽培技术要点

（1）品种选择。选择耐热、耐雨、抗病等综合性状较好的品种，如津研 5 号、津春 4 号、中农 16 等。

（2）整地播种。毛豆收获后每 667m² 施优质腐熟有机肥 2 500～3 000kg、三元复合肥 50kg，深翻后按 60cm 行距起小高垄，6 月上旬直播，株距 30cm，每穴播 2～3 粒种子。

（3）田间管理。3 叶 1 心时，用 150mg/kg 乙烯利促进早生雌花，并浇小水，根瓜坐住前不再浇水。当植株开始抽蔓、长出卷须、株高 30～40cm 时，及时搭架和引蔓。当 50% 以上植株根瓜长到 10cm 以上时开始浇水追肥，每 667m² 施复合肥 20～30kg，全生育期共追肥 2～3 次。夏播黄瓜要小水勤浇，每 2～3d 浇 1 次水，浇水要在摘瓜前 1d 进行，以防黄瓜徒长。结瓜期注意叶面补肥。

六、秋黄瓜—冬莴笋—甜玉米高产高效栽培模式

1. 茬口安排　秋黄瓜 8 月上中旬播种，8 月下旬至 9 月上旬定植，9 月下旬至 11 月中旬采收。冬莴笋 10 月上旬播种，11 月下旬定植，翌年 3 月中旬采收。甜（糯）玉米 2 月下旬育苗，3 月下旬定植，6 月下旬至 7 月初采收。

2. 秋黄瓜栽培技术要点

（1）播种育苗。秋延后大棚栽培黄瓜，可采用直播法和育苗法。直播法节省育苗移栽的成本和用工，不会因移栽而伤根，秧苗长势强壮。其缺点是因高温多雨难以控制秧苗，往往出现缺苗断垄和幼苗徒长现象。育苗移栽法便于集中管理，在设施内遮阳、避雨、降温条件下育苗，秧苗健壮，根系发达，节省用种。

（2）定植。一般 6～8 月上旬均可在大棚上覆盖塑料膜和遮阳网穴盘育苗，苗龄 15～20d，也可以直播。株行距一般为 25cm×50cm。

（3）田间管理。温度管理：由于前期处于高温、强光照天气，不利于黄瓜的正常生长发育，因此必须在大棚上覆盖遮阳网，每天早晚和阴雨天充分见光，高温烈日中午覆盖。到 9 月下旬时，温度比较适宜黄瓜的正常生长，此时去掉遮阳网。进入 10 月中下旬就要及时覆盖棚膜，根据气温变化合理通风，调节棚内温度。水分、肥料管理：在幼苗 4～5 片叶时追肥 1 次，用尿素对水配成 0.3% 的水肥浇施，随后搭架绑蔓。此后至开花前都应控制水肥供应，当 70% 坐住瓜以后，此时温度降低，适宜黄瓜生长发育，应大水大肥管理。搭架绑蔓：幼苗 4～5 片真叶时应及时插架或吊蔓。

（4）采收。及早摘除根瓜。结瓜前期光照、温度适宜黄瓜生长，此时结瓜多，产量也较高，可以 2～3d 采收 1 次。

3. 冬莴笋栽培技术要点

（1）播种育苗。10 月上旬播种，苗床宜做成宽 1m 的平畦。苗床浇足底水，种子混合干细土撒播。播种后搭小（大）棚，上盖塑料薄膜防暴雨。同时，畦面覆盖遮阳网，待有 1/3 苗出土时，去掉

遮阳网。苗床土不宜过干或过湿，如遇寒流，加盖小棚保温。

（2）定植。在起苗 1d 前，苗床地浇透水，挖苗时尽量带土，并保持根系完整。

（3）田间管理。定植后 3～5d，检查苗情，及时补苗。定植后，以促为主，不能缺水。中耕时要细致小心，不要碰伤幼苗，促进根系发育。莴笋生长需较冷凉的气候条件，初霜期来临前，也就是在 11 月中旬上大棚膜，莲座期要注意防冻及通风换气。

（4）采收。在 1～2 月，当莴笋主茎顶端与植株最高叶片的叶尖相平时即可采收上市。

4. 甜玉米栽培技术要点

（1）品种选择及育苗。甜玉米应选择熟性较早、植株高 200cm 以下的较耐密植品种，如晶甜 5 号、粤甜 11 等。一般采用 128 孔的育苗盘，进行轻基质育苗，壮苗标准为 3 叶 1 心，叶片肥厚、较浓绿，根系发达，与基质凝结好。

（2）整地施基肥。定植前扣上大棚膜，施足基肥，做成 2m 宽的畦面，铺设滴灌，覆盖地膜，扣上大棚膜。

（3）定植。3 月上旬选晴天下午定植，定植后及时浇定根水。

（4）田间管理。选留果穗：每株选留 1 个发育良好的果穗，将多余雌穗及时摘除。人工授粉：开花授粉期如遇不良气候或散粉期已过时，可在 9:00～11:00 进行人工辅助授粉。

（5）采收。早采收，籽粒不饱满，甜度低、品质差。采收不及时，糖分含量下降，种皮变厚，影响食用品质。一般情况下，当花丝变成褐色、籽粒饱满时为采收适期，在授粉后 20～24d 采收较适宜。

第六章 <<<

黄瓜的育苗技术

黄瓜栽培一般都采用育苗移栽的方式进行生产。育苗生产可以节约空间，提高土地利用率，方便集中管理，培育壮苗，而且方便提早定植，为黄瓜的反季节栽培赢得时间。黄瓜育苗技术已经非常成熟，在实际生产中促产效果明显，得到了广泛应用。

第一节　黄瓜早春保护地育苗技术

一、黄瓜早春保护地育苗设施

春季黄瓜栽培时，一般采取育苗移栽的方式。在黄瓜育苗时，需要采取相应的保温防寒措施，一般较为常见的保护地育苗设施主要有以下两种：

1. 大棚育苗　冬季或早春主要采用塑料大中棚进行春茬早熟黄瓜栽培育苗，这是我国长江流域早春黄瓜育苗的主要方式。为了提高地温，通常在黄瓜育苗床的底部铺设电热线加热，保证育苗所需要的温度。

2. 温室育苗　温室育苗是指在寒冷的冬季或者早春在温室中利用温床来进行黄瓜育苗。利用温室育苗的播种期通常为12月下旬到翌年的1月上中旬，在翌年2月中旬前后定植，3～4月采收。

二、播前的种子处理

1. 用种量和种子质量　黄瓜种子的好坏直接关系到收获产量的高低及品质的好坏，进而关系到经济效益的好坏，因而一定要保证种子的纯度和质量。一般黄瓜种子的千粒重为25g左右，按每667m² 地4 000株计算，约需种子100g，考虑到种子质量和各种因素造成的死苗，确保壮苗足数定植，常规育苗一般均按每 $667m^2$ $200\sim250g$ 的种子量准备。

2. 种子消毒　由于黄瓜种子表面甚至内部常带有炭疽病菌、细菌性角斑病菌、枯萎病菌和疫病病菌等多种病原菌，而这些带菌的种子播种后，会导致植株幼苗和成株发病，因此在播种前进行种子消毒是十分必要的。常用的消毒方法有以下 4 种。

（1）温汤浸种。将选好的种子整理干净，投入到 $55\sim60℃$ 的热水中烫种，热水量是种子量的 $4\sim5$ 倍，并不停地搅拌种子，当水温下降时，再加入热水，使水温始终保持在 $55℃$ 以上，15min 后将种子从水中捞出，置于 $30℃$ 温水中再浸泡 $4\sim6h$，保证种子吸足水分，然后将种子反复搓洗，用清水冲净黏液后晾干再催芽，此方法可防治炭疽病、菌核病、病毒病等。

（2）生物菌剂拌种。将种子浸湿或催芽露白后，选用益微菌剂（芽孢杆菌 300 亿个/g）拌种。每 200g 种子用益微菌剂 20g 左右，将菌剂撒入种子翻动数次，稍晾即可播种。此方法属于生物防治技术，可防治苗期立枯病、猝倒病，以及定植后的枯萎病、根腐病等多种病害。

（3）药液浸种。药液浸种是指将待消毒的种子放入配好的药液中，从而达到杀菌消毒的目的。先把黄瓜种子放入清水中浸泡 $2\sim3h$，再把种子放入福尔马林 100 倍液或高锰酸钾 800 倍液中浸泡 $20\sim25min$，浸泡后用清水冲洗干净后催芽，此方法可防治黄瓜枯萎病和黑星病。

（4）恒温处理。把黄瓜干种子置于 $70℃$ 环境条件下处理 72h，检查发芽率后浸种催芽，可防病毒病、细菌性角斑病。

三、催　　芽

催芽是指种子浸泡后，将其放置在适宜的温度下使其发芽的过程，主要是满足种子萌发所需要的温度、湿度及通气条件。先将浸泡萌动的种子放在 $0℃$ 条件下处理 $1\sim2d$，或者将萌动的种子放在 $-2\sim4℃$ 的冷冻环境下 $2\sim3h$，然后用凉水冲洗，再进行催芽。催芽时先放在 20℃下处理 2～3h，然后增温到 25℃。经过锻炼的种子，发芽粗壮，幼苗抗逆能力强。

四、播　　种

一般采用 50 孔育苗盘进行育苗，育苗的基质为泥炭和珍珠岩，比例为 2：1。每孔播种 1 粒，播种后盖上一薄层基质。苗期要适时浇水和通风透气，通过加强温度和湿度的控制，进而达到培育壮苗的目的。主要技术环节包括做床、浇底水、播种、覆土和盖膜等。

1. 做床　在温室做畦，畦宽 1～1.5m，装入配制好的床土 10cm 厚。床土要充分暴晒，提高土温，防止苗期病害。播种前耙平，稍加镇压，再用刮板刮平。做苗床一定要细致，为黄瓜种子出苗创造良好的土壤条件。

2. 浇底水　床面整平后浇底水，一定要浇湿浇透，以浇透床土 10cm 厚为宜。浇足底水的目的是保证出苗前不缺水、不浇水，否则会影响正常出苗。浇完水后在床面撒一层床土或药土。

3. 播种　黄瓜采用点播，每穴播一粒种子。播种时要把种子扁平放在营养土面上，千万不要把种子立着插在营养土中，防止黄瓜"戴帽苗"的出现。

4. 覆土　播种后用床土覆盖种子，而且要立即覆盖，防止幼芽晒干和底水过多蒸发。盖土厚度一般为 1～1.5cm。如果盖土过薄，床土易干，种皮易粘连，易"戴帽"出苗。盖土过厚，出苗延迟甚至造成种子窒息死亡。若盖药土，宜先撒药土，再盖床土。

5. 盖膜　盖土后要立即用地膜覆盖床面，保温保湿，子叶拱土时及时撤掉地膜，防止幼苗徒长和阳光灼苗。

五、苗期管理

育苗期不仅要长成一定大小的营养体，同时黄瓜要进行花芽分化。育苗期管理的好坏，直接影响到秧苗的质量，也会影响到以后的成熟期和产量。苗期管理主要有温度管理、水肥管理和光照管理等。

1. 温度管理　黄瓜种子发芽和苗期生长的最适温度和高产栽培要求的温度不完全相同，根据苗期温度的不同可分为 4 个阶段。

第一阶段：从播种到开始出苗。此时应保持较高的床温，促进快出苗。一般床温 25～30℃，约 2d 就可以出苗。在此阶段苗床最低温度不低于 12℃，最高为 40℃。

第二阶段：从出苗到第一片真叶出现，即破心。此阶段要及时降温，控制在较低的温度，一般白天 20～22℃，夜间 12～15℃，避免温度高，尤其是夜间温度偏高使胚轴发生徒长，成为"长脖苗"。

第三阶段：从破心到定植前 7～10d。此阶段温度要适宜，苗床温度白天保持在 20～25℃，夜间 13～15℃，有利于雌花分化和降低雌花节位。

第四阶段：即定植前 7～10d。此阶段进行低温锻炼，以提高种苗的适应能力和成活率。一般白天在 15～20℃，夜间 10～12℃。

由于不同季节外界环境条件的限制，黄瓜育苗不可能都达到最适温度，但应当采取有效措施，使苗床温度不要超出黄瓜所能承受的极限温度，冬季育苗可以通过铺设地热线、大棚内加盖小拱棚等措施，使苗床的夜间温度不低于 10℃，短时间不低于 8℃；夏季通过盖遮阳网等方法，使苗床的最高气温控制在 35℃ 以内，短时间不超过 40℃。

2. 水肥管理

（1）水分管理。苗期保持土壤的湿度，有利于雌花的形成。育苗时，一般播种前或分苗时浇足底水，苗期尽可能不浇水，以保墒为主。苗床出苗后要进行 2～3 次覆土。当大部分幼苗拱土时，选择晴天中午覆盖干细土，厚度 0.3cm 左右，用土封严裂缝，防止种子戴帽出土，等苗出齐后再覆土 1 次，促进子叶肥大，抑制胚轴生长，控制徒长。

（2）肥料管理。如果营养土配制时放入的肥料充足，整个苗期可不用施肥。如果发现幼苗叶片颜色变淡，出现缺肥症状时，可喷施少许磷酸二氢钾 500 倍液。育苗过程中，切忌苗期过量追施氮肥，以免发生秧苗徒长影响花芽分化。

3. 光照管理 早熟栽培在低温、短日照、弱光时期育苗，光照不足是培育壮苗的限制因素。生产上可明显看到，光照充足的条件下，幼苗生长健壮、叶色深、有光泽，雌花节位低且数量多；而在弱光下生长的幼苗，常常是瘦弱徒长的幼苗。

为增加光照，要经常保持覆盖物的清洁，草苫尽量早揭晚盖，日照时数控制在 8h 左右。在温度满足的条件下，最好是在 8：00 左右揭开草苫，17：00 左右盖上，阴天也要揭盖草苫，尽量增加日照时间。如果连续阴雨天不揭开草苫，会发生幼苗黄化徒长，甚至死亡。

第二节　黄瓜夏秋露地育苗技术

夏秋季节外界温度高，雨水多，病虫危害严重，因此黄瓜育苗时要注意高温、暴雨和病虫对植株的危害。在苗床上搭建小拱棚并覆盖苇帘、纱网或遮阳网，不仅可以防虫，还可以降温。在阴雨天通过增盖塑料薄膜等措施来防雨。常用设施主要为遮阳网育苗和纱网育苗。

一、播种期的确定

夏秋黄瓜栽培的关键技术之一就是对播种期做好合理、恰当的安排，由于夏秋外界的气温高，黄瓜幼苗的生长发育比较快，这个时期黄瓜的育苗期要显著短于早春黄瓜的育苗期，夏秋黄瓜的育苗时间仅为 15～20d。长江流域进行夏秋栽培的时候一般选择在当年的 7 月上旬至 8 月初播种较为适宜。

二、播　　种

在播种前要先将育苗床的培养土用水浇透，待水下渗后播种。具体方法是在营养钵的中间用小棍刺一小孔，将种子播于小孔内。

每钵播一粒种子，边播种边用营养土盖籽。播完后用遮阳网覆盖或者用稻草覆盖。

三、苗床管理

1. 遮阳网的管理 当种子中有 50％以上顶土出苗时，要及时掀去畦面覆盖物，遮阳网改为小拱棚覆盖或者通过平棚（支架）来覆盖。育苗棚内的温度不要超过 32℃，育苗棚的遮阳网等覆盖设施的管理要根据幼苗、外界天气的变化进行调整。另外，为了防止幼苗徒长，要延长光照时间。在对有遮阳网覆盖的苗床管理上，既要满足幼苗生长所需要的光照条件，又要避免外界的强光照。应坚持"白天要盖，晚上要揭；晴天要盖，阴天要揭；大雨要盖，小雨要揭；前期和中期要多盖，后期要少盖；定植前 7d 不需要盖遮阳网，并对幼苗进行炼苗"的原则。

2. 苗期水肥管理 在黄瓜幼苗生长期间要加强苗床的水肥管理，根据幼苗的生长情况酌情施肥。一般用 0.3％～0.5％三元复合肥来浇施，或者用 0.1％～0.2％磷酸二氢钾及其他叶面肥喷施。这样可以促进幼苗的健壮生长。在夏秋进行育苗时由于外界的温度较高，这个时期主要是温度和水分的管理，要根据苗床土壤的水分状况浇水，防止出现高温干旱。

第三节 黄瓜嫁接育苗技术

黄瓜嫁接栽培比西瓜起步晚，目前我国已开始普遍采用。黄瓜嫁接育苗栽培是以抗病性强、嫁接亲和力高的其他瓜类为砧木，用黄瓜栽培品种作为接穗，通过嫁接达到防止土传病害，如枯萎病、根结线虫病等，以及增强耐低温能力、强化生长势的目的，进而实现黄瓜早熟、高产、稳产。

一、黄瓜嫁接育苗的主要优点

1. 增强了黄瓜植株的抗病能力，解决了连作重茬问题 在大棚中栽培黄瓜产生的土传病害日益严重，枯萎病发生更是普遍，其发病率为 10％～50％，这些病害常常会给黄瓜的生产带来严重的损失。而通过使用抗病的砧木来替换黄瓜植株的自根系，避免了黄瓜与土壤的接触，从而可以达到防治土传病害的目的。

2. 提高土壤水肥利用率　经过嫁接的黄瓜能够利用砧木根系比较发达、吸收能力较强的特点，有效提高了土壤水肥的利用率和肥效率，减少了肥料的用量。

3. 增强了植株的抗逆性　在大棚、温室进行反季节黄瓜栽培会产生两个主要问题：一是由于棚室的光照较弱，对黄瓜的生长很不利；二是棚室的土壤温度相对较低，不能满足黄瓜对温度的需求。有人对越冬茬黄瓜和冬茬黄瓜嫁接换根栽培做了相应的试验，获得较为理想的效果。即通过采用黑籽南瓜作为砧木，嫁接后黄瓜植株根系的抗低温能力得到了显著提高。研究发现，黄瓜植株的自根苗根系在土壤温度为 12℃时就停止了生长，并有沤根现象，而黄瓜植株嫁接以后的根系在地温为 8℃时仍然可以缓慢生长，当土壤温度降低到 6℃的时候，黄瓜植株的根系会逐渐停止生长，当土壤的温度降低到 1℃左右时，才会有沤根现象发生。由此可见，嫁接苗的抗寒能力要显著强于自根苗。

4. 增产效果显著　经过嫁接的黄瓜，其瓜条生长速度比较快，结瓜期比较长，产量也较高，比自根苗增产效果显著，特别是低温季节嫁接苗增产效果更为显著。试验表明，嫁接黄瓜比自根黄瓜增产 30％～50％。

二、嫁接黄瓜选用砧木的依据

黄瓜嫁接栽培技术通常应用于对大棚黄瓜防病栽培中，而且对所用嫁接砧木有较高的要求，不但砧木的抗病性能要好，而且所选择的砧木不能降低果实的品质。具体要求如下：

1. 砧木的抗病能力　要求采用的砧木要高抗黄瓜枯萎病，并且这种高抗病性要保持稳定，不会因栽培时间的不同及外界环境条件变化而降低。

2. 砧木对不良环境条件的适应能力 对黄瓜进行嫁接的目的之一就是利用砧木的根系，使黄瓜能在 10℃ 左右低温条件下仍然能够正常生长，并且可以达到提早上市、提高产量和增加效益的目的。在大棚栽培中，由于温度低、光照弱，应选择耐低温、耐弱光、对不良环境条件适应性强的砧木。

3. 与黄瓜进行嫁接后的亲和力与共生力强而稳定 一般要求该砧木与黄瓜进行嫁接以后，嫁接苗的成活率不低于 80%，并且嫁接苗在栽培地定植后要保持生长稳定，不会中途死亡。

4. 砧木对黄瓜品质的影响 一般要求所选用的砧木品种与黄瓜嫁接后不改变黄瓜的形状和颜色，不会出现畸形瓜。

三、嫁接育苗需要的设备

1. 嫁接场所 嫁接场所要求温度适宜，最好在 20～25℃，这样不仅便于操作，还利于伤口愈合。空气相对湿度在 80% 以上，且要适度遮阴。冬春季育苗多以温室为嫁接场所，嫁接前几天，适当浇水，密闭温室，以提高其空气相对湿度。夏季育苗、嫁接时应搭设遮阴、降温、防雨棚。

2. 切削及插孔工具 切削工具多用刮胡须的双面刀片，为便于操作，将刀片沿中线纵向折成两半。每片可嫁接 200 株左右，刀片切削发钝时要及时更换，以免伤口不齐，影响嫁接苗成活。用于除去砧木生长点和插接法插孔用的竹签可以自制，竹签的粗细应与接穗幼茎粗细相仿，一端削成长 1～1.5cm 双楔面，使其横切面为扁圆形，尖端稍钝。操作时让穿孔大小正好与接穗双楔面大小相吻合。

3. 接口固定物 嫁接后，为使砧木和接穗切面紧密结合，应使用固定物固定接口，常用的固定物有以下几种。

（1）塑料嫁接夹。是嫁接专用固定夹，河北、北京等地大批量生产，小巧灵便，可提高嫁接效率，虽需一定投资，但可使用多次，是目前最理想的接口固定物。

（2）塑料薄膜条。将塑料薄膜剪成 0.3～0.5cm 宽的小条捆扎接口。也可将塑料薄膜剪成宽 1～1.5cm、长 5～6cm 的小条，在接口绕两圈后，用回形针卡住两端。

（3）蔬菜嫁接专用固定管套。蔬菜嫁接专用固定管套在日本已经普遍采用。它是将砧木斜切断面与接穗斜切断面连接，固定在一起，使其切口与切口间紧密结合。由于管套能很好地保持接口周围水分，又能阻止病原菌的侵入，有利于伤口愈合，能提高嫁接成活率。并且在嫁接后，管套会在田间自然风化、脱落，不用人工去除。消除了原来使用嫁接夹带来的不方便。使用管套嫁接法的优点是速度快、效率高、操作简便。

4. 消毒用具 使用嫁接夹时，应事先使用福尔马林 200 倍液浸泡 8h 消毒。嫁接时手指、刀片和竹签应用棉球蘸 75% 酒精消毒，以免将病菌从接口带入植物体。

5. 嫁接机 目前我国主要有两种嫁接机。一种是由东北农业大学研制的插接式半自动嫁接机。该嫁接机采用人工上砧木和接穗苗，通过机械式凸轮传递动力，可完成砧木夹持、砧木生长点切除、砧木打孔、接穗夹持、接穗切削，以及接穗和砧木对接动作。该嫁接机结构简单、成本低、操作方便，生产率为 500 株/h，适用于黄瓜、西瓜及丝瓜等的嫁接作业，嫁接成活率在 93% 以上。由于采用插接法进行机械嫁接，不需嫁接夹等夹持物。另一种是由中国农业大学研制的智能全自动蔬菜嫁接机。嫁接机采用子叶贴接法，实现了砧木和接穗的取苗、切削、接合、嫁接夹固定、排苗作业的自动化。该嫁接机作业时砧木可直接带土团进行嫁接，生产率为 600 株/h，可进行黄瓜、西瓜和丝瓜等瓜菜苗的自动化嫁接作业，嫁接成功率高达 95%。

四、适于黄瓜嫁接的主要砧木品种

1. 黑籽南瓜 该品种根系强大，植株茎的形状为圆形，分枝性强。现在大部分的黄瓜嫁接选用黑籽南瓜作为砧木，主要因为：①黑籽南瓜的根系较为发达，入土比较深，吸收范围比较广，较耐水肥，抗旱能力比较强，可延长黄瓜的采收期和增加黄瓜的产量；②黑籽南瓜对瓜类枯萎病有一定抗性；③黑籽南瓜根系抵抗低温能力较强。一般黄瓜的根系在温度为 10℃左右时就停止生长，而黑籽南瓜的根系在外界温度为 8℃时还可以正常生长出根毛。用黑籽南瓜作为砧木的嫁接苗比自根苗抗逆性强、生长旺盛，植株的前期产量及总产量均显著高于自根苗。

2. 壮士　属中国南瓜，抗枯萎病，与黄瓜亲和力强，适合做黄瓜根砧。南瓜根砧吸肥、吸水能力强，在低温条件下生长速度快于丝瓜砧，可使嫁接黄瓜提早结瓜。

3. 共荣　是台湾农友种苗公司培育的杂交一代砧用南瓜，具有嫁接亲和性好，抗枯萎病，可以连作，对品质无不良影响等特点，适于用作黄瓜嫁接根砧。

4. 白皮黑籽　生长健壮，种子黑色，用作黄瓜的根砧，低温生长性好，吸肥力强，抗土壤病虫害力强，可使黄瓜提早结瓜，结瓜良好，产量增加。

五、黄瓜嫁接育苗技术要求

1. 砧木的培育　黑籽南瓜的种壳较厚，常用温汤浸种来促进其发芽，然后将浸泡好的种子置于 28～30℃的环境下进行催芽。也有一种简单易行的方法，叫"去壳"，就是从种子的胚根外壳一侧用指甲将壳掐掉，使裸仁尖露出为宜。经过去壳的种子不需要再浸泡，直接进行干播即可。有研究表明，黑籽南瓜当年采种发芽率较低，为了提高发芽率，南瓜种子需要经过半年至一年的后熟，或者用 10～50 mg/kg赤霉素对种子浸泡 12h 左右，可以有效地提高其发芽率。播种可以根据植株嫁接方式的不同而采取不同的方法，如要采用插接法，可以把南瓜、丝瓜等砧木种子直接播于营养钵中，每钵播种 1 粒种子。如果是靠接法，则播种于育苗盘内，这样方便以后起苗嫁接。嫁接的砧木要求其下胚轴要长一点，以 5cm 左右为宜，可以防止植株定植时出现因接合处离地面太近或接近土壤而发生的病菌感染。

2. 接穗苗的培育　如果采用靠接法，在播种时间上，黄瓜应比南瓜砧木早播 3～5d。如果采用插接法进行嫁接，要求接穗小一些，一般黄瓜的播种时间要比南瓜砧木晚 2～3d。黄瓜按正常种子处理后，播于育苗盘中备用。

3. 嫁接条件 要求嫁接的场地及器材达到清洁卫生的标准。外界温度达到 26～30℃，空气相对湿度 90％左右，而且要保证避风操作。

4. 嫁接方法 黄瓜嫁接的方法有插接、靠接、劈接等。一般在生产上经常采用靠接法和插接法，劈接法嫁接后难管理且成活率低，生产上应用较少。

（1）靠接法。砧木最佳时期以子叶逐渐平展，第二片真叶开始露心为宜；黄瓜最佳时期以子叶逐渐平展，第一片真叶开始显露为宜。在进行嫁接的时候先将作为砧木的南瓜和待嫁接的黄瓜苗小心挖出，用刀片将砧木的真叶和生长点削去，并在植株子叶的茎基部距生长点 1cm 处，从下而上进行斜切，形成 0.5～0.6cm 的切口，然后在距黄瓜苗下胚轴生长点 1.0cm 处，从下向上斜切一个 30°～40°角的切口，再将作为接穗的黄瓜苗插入砧木的切口中，把两株幼苗按切口嵌合在一起，使黄瓜的子叶压在砧木叶上，并用塑料夹固定，立即将嫁接好的幼苗栽入营养钵中，注意将两株的根分开，方便以后断根。对营养钵浇足水，放入育苗棚内进行保温保湿培育。

（2）插接法。最佳时期为砧木的第一片真叶长到铜钱大小，而接穗两片子叶刚刚展开时。首先用竹签将砧木的生长点及真叶去掉，然后用与接穗茎粗相近的竹签在砧木的顶端斜向刺入胚茎，最好不要插破茎的表面，将黄瓜苗在子叶下 0.8～1cm 处用刀片削成楔形，立即拔出竹签，将黄瓜苗插入孔中，使砧木和接穗迅速吻合，两片子叶呈"十"字形。插接一般不需要固定，接穗可以直接在砧木上进行生长。这种方法嫁接速度比较快，效率也很高。

六、黄瓜嫁接苗的管理

嫁接苗成活率的高低与嫁接后的管理技术有着非常重要的关系，黄瓜嫁接苗管理的重点是为嫁接苗创造适宜的温度、湿度、光照及通气条件，加速接口的愈合和幼苗的生长。

1. 保温 嫁接苗伤口愈合的适宜温度为 25℃左右，接口在低温条件下愈合很慢，影响成活率。因此，幼苗嫁接后应立即放入拱棚内，排满一段后，及时将薄膜的四周压严，以利保温、保湿。一般嫁接后 3～5d 内，苗床温度白天保持 24～26℃，不超过 27℃；夜间 18～20℃，不低于 15℃。3～5d 以后，开始通风，并逐渐降低温度，白天降至 22～24℃，夜间降至 12～15℃。

2. 保湿　如果嫁接苗床的空气湿度比较低，接穗易失水引起凋萎，会严重影响嫁接苗的成活率。因此，保持一定的湿度是嫁接成败的关键。嫁接后 3～5d 内，小拱棚内相对湿度控制在 85％～95％；但此时营养钵内土壤湿度不要过高，以免烂苗。

3. 遮光　在棚外覆盖稀疏的草苫或遮阳网，避免阳光直接照射秧苗而引起接穗萎蔫，夜间还可起到保温的作用。在温度较低的条件下，应适当多见光，以促进伤口愈合；温度过高时适当遮光。一般嫁接后 2～3d，可早晚揭除草苫以接受弱的散射光，中午前后覆盖草苫遮光。以后逐渐增加见光时间，1 周后可不再遮光。

4. 通风　嫁接后 3～5d，嫁接苗开始生长时可开始通风。开始通风时口要小，以后逐渐增大，通风时间也逐渐延长，一般 9～10d 后即可进行大通风。开始通风后，要注意观察苗情，发现萎蔫及时遮阴喷水，停止通风，避免因通风过急或时间过长而造成秧苗萎蔫。

5. 接穗断根　用靠接法嫁接的黄瓜苗，在嫁接苗栽植 10～11d 后，就可以给接穗断根，用刀片割断黄瓜根部以上的幼茎，并随即拔出。断根 5d 左右，接穗长到 4～5 片真叶时，可在大棚内移栽定植。砧木切除生长点后，会促进不定芽的萌发，如不及时除去，会影响对接穗的养分与水分供应。这一工作约在嫁接后 1 周开始进行，2～3d 一次。另外，要注意接穗是否保持新鲜、是否有明显的失水现象等；幼苗成活后要进行大温差锻炼，使幼苗生长健壮；还要及时去掉砧木侧芽，防止其与接穗争夺养分，从而影响接穗的成活。

第四节　苗期常见病虫鼠害防治

黄瓜苗期病虫鼠害多发，一旦发生容易造成种苗大量死亡，从而影响大田生产，给农户带来较大经济损失，因此对黄瓜苗期病虫鼠害应极早预防。

一、病害防治

1. 黄瓜苗期侵染性病害的主要症状

（1）猝倒病。刚出土的幼苗，地上并无明显病状，幼苗突然倒地青枯死亡。发病往往从棚水滴落成的点片开始，随之迅速扩展，俗称"鬼剃头"。病苗近地表的茎部呈水烫样发黄、变软缢缩呈线状，湿度大时可见到病部有白色絮状物发生。发病严重时，种子尚未出土即已腐烂。

（2）立枯病。多发生在秧苗生长的中后期。初发生时，在幼茎基部产生椭圆形暗褐色病斑。病斑扩大后凹陷，连接成片，环绕茎基部发展，有的木质部暴露在外。病组织收缩干枯，整株直立死亡。病部常出现不明显的淡褐色蜘蛛网状物，但没有明显的棉毛状霉层，这是该病与猝倒病的主要区别。

（3）霜霉病。子叶受害出现云彩状不均匀的褪绿黄化，后呈不规则黄化斑，背面着生一层灰色霉层，病叶很快干枯。

（4）枯萎病。幼苗茎叶萎蔫下垂，顶叶失水，叶色变淡，撕裂幼茎可见到维管束变褐色。

2. 黄瓜苗期侵染性病害的防治方法
黄瓜苗期病害除根结线虫病外，其他由真菌、细菌和病毒侵染引起的病害，均是由种子或床土带菌、湿度大或温度低引起的。除了采取相应的农业措施来消除发病条件外，还要用药剂防治。

（1）床土消毒。可用于苗床床土消毒的有五代合剂（五氯硝基苯与80%代森锌可湿性粉剂等量混合粉剂）、五福合剂（五氯硝基苯与福美双等量混合粉剂）、50%多菌灵可湿性粉剂、70%甲基硫菌灵可湿性粉剂等，每平方米用8～10g药粉，先用3kg过筛细土拌匀，再与12kg过筛细土拌匀成药土，使用时下铺上盖。

（2）喷药防治。苗期喷药预防和治疗病害应注意3点：一是无害性，即选用不产生药害的农药；二是多效性，即尽量选用可以兼治两种或两种以上病害的农药；三是注意浓度和用量，应严格注意配药的浓度和用量，防止产生药害。适于苗期喷施的农药主要有绿亨1号3 000倍液（可防猝倒病、立枯病、枯萎病等多种病害）、75%百菌清可湿性粉剂1 000倍液（可防猝倒病、灰霉病和疫病）、70%敌克松可湿性粉剂1 000倍液（可防猝倒病、枯萎病等）、70%甲基硫菌灵可湿性粉剂1 000倍液（可防枯萎病、霜霉病和灰霉病）、64%杀毒矾可湿性粉剂400倍液（可防霜霉病、疫病和猝倒病）。在上述药剂中加入0.02%的硫酸链霉素，可兼治细菌性病害，并提高防治霜霉病的效果。

二、虫害和鼠害防治

1. 蛴螬　又称白地蚕，是金龟子的幼虫。金龟子成虫对未腐熟的有机质有极强的趋性。塑料大棚内夏季休闲期在地面撒施麦糠、稻壳及秸秆时，会招引大量的金龟子产卵。孵化后幼虫大量钻入地下，待育苗时就可能咬食种子或根茎（咬断处茬口比较整齐），造成缺苗或死秧。

在配制育苗床土时，用90%晶体敌百虫1 000倍液，或50%辛硫磷乳油1 500倍液喷洒床土，边喷边翻倒，尽量喷匀。后期发生虫害时，用晶体敌百虫药液灌根。

2. 蝼蛄　是一种杂食性害虫，可危害多种菜苗。不论室内还是室外育苗，都容易遭受蝼蛄危害。蝼蛄在苗床土下潜行，咬食萌动的种子或咬断幼苗的根茎。蝼蛄咬断处往往呈丝麻状，这是与蛴螬危害状的最大差别。有蝼蛄活动的地方，地面常可见到弯弯曲曲的隧道。

可用90%敌百虫晶体5g加0.5L热水溶化，与炒出香味的麦麸或棉籽饼1.5kg拌匀，于傍晚撒施床面，每平方米用量10g左右。也可用毒谷毒杀，将干谷煮至半熟，捞出晾至半干，再喷上敌百虫晶体药液，晾至七八成干，将毒谷撒到苗床。一些对敌敌畏不敏感的品种苗床，在傍晚时用80%敌敌畏乳油800～1 000倍液喷洒床面，也有较好的诱杀效果。

3. 金针虫　又称铁丝虫。它可在土中咬食种子、嫩芽或钻蛀取食地下幼嫩根茎，使幼苗枯死。其防治方法可参照蛴螬或蝼蛄部分。

4. 种蝇 又称根蛆。以幼虫在土中蛀食种子、幼苗或幼嫩根茎。苗床施用未经腐熟的圈肥、饼肥、禽粪等，其腐臭味会招致成虫产卵，孵化后进入温室危害。

防治种蝇时，首先要避免施用未经腐熟的有机肥料。宜对施入的有机肥用 90％敌百虫晶体 1 000 倍液，或 2.5％溴氰菊酯乳油 2 000倍液翻搅喷施，加以毒杀。露地的苗床在翻地时，可用敌百虫药土撒到地面，翻入土中。发生种蝇危害时，可用 90％敌百虫晶体 1 000 倍液灌根。

5. 美洲斑潜蝇 在秋冬茬露地育苗期间，美洲斑潜蝇可能进入苗床危害。幼虫在叶片中蛀食叶肉，造成弯弯曲曲的隧道，并将粪便排泄其中，呈黑色。可选用 1.8％阿维菌素乳油 2 000 倍液进行喷雾处理。在施药前将下部受害严重的叶片摘除，带出苗床外销毁。

6. 蚜虫 于植株幼嫩部分吸食汁液，造成幼叶卷曲。选择 10％吡虫啉可湿性粉剂 5 000 倍液、25％噻虫嗪水分散粒剂 6 000 倍液、10％氯噻啉可湿性粉剂 4 000 倍液、10％溴氰虫酰胺可分散油悬浮剂 1 500 倍液进行喷雾处理。

7. 粉虱 成虫与若虫群栖于叶背，刺吸叶片汁液，使叶片褪绿变黄，影响秧苗发育。在粉虱发生密度较低时（平均成虫密度 2～5 头/株）可选用 22.4％螺虫乙酯悬浮剂 2 000 倍液、50％噻虫胺水分散粒剂 7 500 倍液、10％溴氰虫酰胺可分散油悬浮剂 1 500 倍液进行喷雾处理，一般 10d 左右喷 1 次，连喷 2～3 次。

8. 鼠害 一般情况下，老鼠对刚播下的瓜类种子危害甚大，几乎一夜间可以把大部分播入土壤中的种子吃完。提前预防的办法是用鼠药诱杀，但播种后突然袭入的老鼠会造成意想不到的危害。为此，必须搞好播后的驱避工作。主要方法：将 50％福美双可湿性粉剂撒到苗床四周；将带有恶臭气味的农药对水后喷洒到苗床四周，或将农药拌糠、锯末撒施。

第七章 <<<

黄瓜周年生产技术

我国各地区黄瓜均已经实现了周年生产，种植者利用冬暖式日光温室、塑料大棚等设施实现了黄瓜的早春栽培、秋延后栽培、越冬茬栽培等，保证了黄瓜的周年供应。

第一节　黄瓜早春大棚栽培技术

一般来讲，黄瓜对外界气候和栽培条件具有较强的适应能力，黄瓜的设施栽培可以分为早春大棚栽培和秋延后栽培，但通常以早春大棚栽培为主。在早春栽培黄瓜时，为了达到提早上市的目的，应当培育一些适龄的大苗移栽。长江中下游地区进行早春栽培的育苗时间在每年的2月上旬前，在3月上中旬开始进行定植，4月上旬开始采收。主要的栽培技术如下：

一、品种选择

早春大棚栽培黄瓜品种的选择标准为生长势强、抗病力强、高产、早熟的黄瓜杂交一代种，要求在低温和弱光条件下能正常结瓜，同时还要耐高温高湿，在高温和高湿条件下结瓜能力强，回头瓜多。另外，还要对大棚环境的适应能力强，对管理条件要求不严，意外伤害后恢复能力要好。目前生产上应用的绝大部分品种为密刺系列，如新泰密刺、津春3号、津绿3号、中农5号等。

二、培育壮苗

1. 播种期的确定　早春大棚黄瓜一般苗龄为40d左右，定植后约35d开始采收，从播种到采收需历时75d左右。早春大棚黄瓜一般要求 1 月下旬至 2 月上旬播种，4 月前后开始采收，以便在五一劳动节前后进入采收盛期。

2. 培育壮苗 为了能满足黄瓜幼苗的生长发育并充分发挥大棚的保温作用，长江流域一般多采用电热温床进行早春黄瓜育苗。先按操作要求正确铺设电热线，然后往营养钵中装入营养土，营养钵浇透水再将出芽的黄瓜种子摆放在营养钵中，每钵只放 1 粒种子，方法为出芽的一边向下摆放。播种结束后要在营养钵上面覆盖一层细土，最后将播完种且覆上细土的营养钵正确摆放在已经铺设好的电热温床上，再铺一层地膜保温保墒。在育苗温床上加盖相应的小拱棚，加强保温。黄瓜苗出土之前，土温要保持在 25～28℃，有利于黄瓜出苗快而整齐。当黄瓜出苗后，应适当降低温度，防止幼苗徒长。一般白天将气温降到 24～26℃、夜间降到 16～18℃较为适宜。当幼苗长出 2～3 片真叶时，可把夜间温度降到 13～15℃，这样不仅可以促进雌花分化，还能降低雌花的节位，达到黄瓜早熟的目的。定植前要对黄瓜苗炼苗，主要措施有降温和控制水分。定植前 7～10d 要停止对温床通电加温，并把外面的小拱棚撤掉，白天要注意利用大棚通风低温炼苗。这样可以有效地提高黄瓜幼苗的抗寒能力，使其能在新的环境条件下正常生长。

三、定　植

1. 定植前的准备工作

（1）土壤选择。选择土层深厚、排灌方便、土质肥沃，而且前茬作物为非葫芦科作物的土壤。栽培黄瓜的大棚在年前要进行一次深翻，耕翻的深度一般为 30cm 左右。

（2）施基肥。大棚栽培黄瓜对肥料量的需求比较大，在定植前要结合深翻施足基肥。一般每 667m² 的用肥量为腐熟农家肥 3 500kg 或三元复合肥 60kg，撒施或沟施。

（3）做畦。大棚内的环境条件与露地相比较为优越，棚内黄瓜生长势也较强，应适当稀植，避免瓜秧徒长。

2. 定植　当大棚内温度稳定在 10℃ 以上时，长江中下游地区为 3 月上旬，一般选择冷尾暖头的晴天下午进行定植。定植前 10～15d 扣棚增温，畦宽 1.2m，每畦栽 2 行，株距 20～25cm。定植后浇足定根水。

四、定植后的管理

1. 温度的管理　定植后 1 周要对大棚进行密闭，提高棚温，缩短黄瓜的缓苗期。在 3 月底以前主要对幼苗进行保温防冻。如果在黄瓜的缓苗期遇到寒潮，可在大棚内加盖小拱棚进行保温，防止植株受冻。在缓苗后的晴天中午可适当通风，缓苗期的适宜温度为棚内白天 25～28℃，夜间 16～18℃。进入 4 月，除夜间采取保温措施外，白天则要进行通风以排湿降温，如棚内温度在 30℃ 以上时须加强通风，下午大棚内的气温逐渐下降到 25℃ 左右时要停止通风。进入 5 月以后逐渐撤除棚膜。

2. 水肥管理　黄瓜缓苗期间，可以根据土壤墒情浇 1 次缓苗水，并浇施 1 次尿素，每 667m² 使用量为 5kg。经过这次浇水后，在植株结瓜前不再浇水。植株坐瓜后，每隔 7～10d 再浇 1 次水，每浇 2 次水要随水施肥 1 次，施肥种类与用量为尿素每 667m² 5～10kg，或者硫酸铵每 667m² 15～20kg，或其他复合肥每 667m² 10～15kg。在盛果期追施 2～3 次磷肥，每次施入过磷酸钙每 667m² 10～15kg。夏季外界温湿度比较高，尽量不施用粪水。

3. 设立支架与绑蔓整枝　黄瓜定植后到抽蔓前，要设立"人"字形支架，或用塑料绳吊蔓，以免瓜蔓和卷须互相缠绕。设"人"字形支架的方法是：在距苗 7～8cm 处每株插 1 根竹竿，每 4 根小竹竿扎成一束"人"字形支架。当苗高 30cm 左右时引蔓上架。瓜苗每隔 3～4 片真叶绑蔓 1 次，松紧适度，并摘除卷须和下部侧枝。中上部侧枝见瓜留 2 片真叶摘心，主蔓满架时打顶，及时摘除畸形瓜、黄叶、老病叶，以增加通风透光，减轻病虫害。吊蔓栽培时一般在 25～30 片真叶时摘心，长季节栽培可以不摘心。

五、采　　收

早春大棚黄瓜一般在每年 4 月上中旬开始采收上市。一般在正常管理条件下，雌花谢花后 10～14d 即可采收，在早春生产黄瓜，如有降温天气、连阴雨或发现有脱肥现象时，应提前采收。特别是对根瓜应该早摘，因为根瓜的生长直接影响到其他瓜的发育。另外，对于畸形瓜必须及早摘除，以减少营养消耗。随着气温升高，瓜条发育速度加快，此时需勤收。在采收过程中应轻拿轻放，防止机械损伤。

第二节　黄瓜春夏露地栽培技术

黄瓜在我国大部分地区均可露地栽培，但我国地域辽阔，气候条件差异很大，消费习惯也不尽相同。黄瓜在各地露地栽培的品种选择、茬口安排、播种期有所不同，以长江流域为例，一般于 3 月上中旬至 4 月上旬育苗，4 月上旬到 5 月上旬定植，5～7 月采收。

一、品种选择

长江流域栽培的黄瓜品种一般要求植株生长势强，雌花着生节位较低，坐瓜率高，瓜条直，商品性好，果实的长短及大小、口感等要满足当地消费习惯和市场要求。黄瓜适宜品种较多，早熟品种有津研 6 号、津杂 1 号、津杂 2 号、中农 5 号等；中熟品种有津研 4 号、吉杂 1 号等；中晚熟品种有津研 7 号、唐山秋瓜等。

二、培育壮苗

1. 营养土配制　　如果按营养土的体积来进行配制，通常可以用未种过葫芦科作物的菜园土 6 份，优质的腐熟有机肥 4 份，混匀过筛后每立方米营养土中加入腐熟捣细的饼肥 10kg、草木灰 5～10kg 或磷酸二铵 1～2kg、过磷酸钙 0.5～1kg。另外，每立方米苗床施入 50% 多菌灵可湿性粉剂 8～12g，与营养土充分拌匀即成，可以有效防治苗期猝倒病。

2. 浸种催芽　采用温汤浸种法，将选好的种子整理干净，投入 55～60℃ 的热水中烫种，热水量是种子量的 4～5 倍，并不停地搅拌种子，当水温下降时，再加入热水，使水温始终保持在 55℃ 以上，15min 后把种子从水中捞出，置于 30℃ 温水中再浸泡 4～6h，保证种子吸足水分，然后将种子反复搓洗，用清水冲净黏液后晾干，用湿纱布或湿毛巾包好，放在 25～28℃ 下催芽，当 80% 以上种子露白时即可以播种。

3. 播种　在播种前 1d，将苗床浇 1 次透水。播种时，将发芽的种子播于营养钵的中心位置，每钵播 1 粒种子，一边播种，一边覆盖营养土。播种结束后，在苗床上再覆盖地膜，起到增温保湿的作用。

4. 苗床管理　为培育壮苗，苗期要注意适时浇水和通风透气，并控制外界温度和湿度。播种后，白天的气温要保持在 25～30℃，地温保持在 23～25℃，经过 5～6d 就可出苗。在出苗后，及时揭去苗床表面的地膜，并通风降湿，白天保持在 20～25℃，夜间保持在 13～15℃，地温为 18～20℃，可以防止瓜苗徒长。当幼苗的第一片真叶展开后，要适当提高温度，白天保持在 23～25℃，夜温保持在 15℃ 左右。随着外界温度的逐渐升高，应加大通风量，在定植前的 7～10d 开始炼苗，白天气温保持在 15～20℃，夜间保持在 8～10℃，使幼苗尽快适应定植地块的环境条件。

苗期一般不需浇水，在缺水的情况下可适当用喷壶喷洒少量的水。并结合喷水对叶面喷施 0.2% 磷酸二氢钾或 0.2% 尿素。在露地进行地膜覆盖时，黄瓜的苗龄为 20～25d，当黄瓜具有 2～3 片真叶或出现 3 叶 1 心时即可进行定植。苗龄不可过大，否则易出现植株徒长或根系老化，使幼苗的缓苗期增长，不利于黄瓜的早熟丰产。

三、整地施肥做畦

由于黄瓜是喜肥耐肥的作物，对瘠薄敏感，且不耐涝渍，宜选用土层深厚、肥沃、排灌方便的壤土或沙壤土。黄瓜的生长期较长，生长量和需肥量均较大，每 667m² 需施入腐熟有机肥 3 000～4 000kg、硫酸钾型复合肥 50kg、过磷酸钙 50kg。深沟高畦栽培，畦宽 1.2m，定植前覆盖地膜。

四、定　　植

1. 定植期　如果采用地膜覆盖方式，定植期可以比露地栽培提早 10～15d，于 3 月下旬开始定植。

2. 定植密度　每 667m² 定植 4 000 株左右，即株距20～25cm。

3. 定植方法　定植深度以浅栽为宜，在定植后要浇足定根水。

五、定植后的管理

1. 幼苗管理　在植株移栽后的 10d 左右，可选用叶绿精肥料 1 500倍液（台湾农友公司生产）对叶片进行喷施，或者用该肥料对水浇苗，也可用尿素对水浇苗，施入量为每 667m²3～5kg，有促进提苗、增强植株抗性的作用。

2. 中耕除草　定植成活后要及时中耕除草，以提高根系周围土壤通透性及土壤温度，促进根系生长发育。

3. 整枝牵蔓　黄瓜定植后到抽蔓前，要设立"人"字形支架，或用塑料绳吊蔓，以免瓜蔓和卷须互相缠绕。吊蔓栽培时一般在 25～30 片真叶时摘心，长季节栽培的可以不摘心。除插架和绑蔓外，还要及时去掉卷须和多余的侧枝。对于主侧蔓都可以结瓜的品种，当侧蔓结 1～2 条瓜后，留 3 片叶就可摘心，这样有利于通风透光。另外，由于黄瓜叶片的光合能力只有 30d 左右，所以如果枝叶过密，应适当摘去下部的老叶。

4. 水肥管理　黄瓜在插架绑蔓后，直到根瓜长到 5～8cm 长的这段时间，只进行绑蔓、引蔓和除草等田间管理。当根瓜长到 10cm 左右时，是营养生长和生殖生长同时进行的时期，要加强水肥管理。每 667m² 可施饼肥 200kg，或尿素 15kg，以促秧结瓜。此后，则每 3～5d 浇 1 次水，每两次浇水之间追 1 次肥，每次施用尿素 15kg，可用随水施肥的方法。同时，土壤要保持湿润。当发现新生叶片黄绿，瓜条膨大缓慢时，可以进行叶面喷肥，用 0.2% 磷酸二氢钾，或用 0.2% 白糖水加 0.2% 尿素喷施叶面，每 667m² 用药液 70kg。在喷药防治病虫害的同时，也可加入适量的叶面肥。

六、适时采收

23～30℃是黄瓜开花结瓜的最适宜温度，长江流域露地黄瓜在 5 月进入采收期。根瓜应该早摘，畸形瓜、老熟瓜、病虫危害瓜必须及时摘除，以减少营养消耗。在采收过程中应轻拿轻放，防止机械损伤。

第三节 黄瓜秋延后高产栽培技术

黄瓜秋延后栽培是指在秋季较冷凉的季节，利用大棚的保温作用继续生产黄瓜的一种生产方式。这茬黄瓜在播种期、幼苗期处于高温多雨的强光季节，进入结瓜期后温度又逐渐下降，栽培季节和外界条件与黄瓜在自然条件生长要求的环境条件完全相反，因此在栽培管理中，要加强管理，以确保高产高效。

一、选用耐热抗病品种

大棚黄瓜秋延后栽培时，生长前期温度高，生长后期温度低，所以应选用耐热抗寒、生长势强、抗病、产量高的优良品种。如果采收的产品能在短期内储藏保鲜，延长供应期，则效益更好，所以要求品种还要有一定的耐储藏性，如中农 12、中农 16 等。

二、确定适宜的播种期

大棚黄瓜秋延后栽培播种过早，生长前期高温多雨，易导致植株生长不良和感染病害；播种过晚，虽然植株健壮，但结瓜天数少，产量高峰不易形成，销售价格虽高，收入却比较低。大棚黄瓜秋延后栽培适宜的播种期为 8 月上中旬，在长江中下游地区一般于

9月中下旬开始采收，10月上中旬进入结瓜盛期，可延迟到12月初。冬暖型塑料大棚延迟时间可至翌年1月。

三、培育壮苗

1. 催芽 将黄瓜精选种子用55℃的温水浸泡15～20min，不断搅动至30℃，然后在冷水中浸泡3～4h，洗净黏液，晾干明水，与湿润沙子混合并用麻布口袋覆盖，保持湿度60%，3～5d即可露白待播。

2. 营养钵准备 选用土壤疏松、团粒结构好、富含有机质和必需营养元素，且未种过茄果类、瓜类蔬菜的菜园土，粉碎后以喷雾的方法混合多菌灵等农药进行灭菌处理，半天后装入事先备好的营养钵中。可将营养钵置于搭好的大棚内，按厢整齐排列，便于操作。

3. 播种 及时将发芽的种子点播到营养钵中，加盖一层营养土，用喷壶浇水后再用薄膜覆盖保湿。待子叶出土后，及时揭开薄膜。若遇到强光照、高温时，要用遮阳网以小拱棚的形式进行覆盖降温，避免形成高脚苗。

四、定　　植

结合整地施腐熟圈肥75～105t/hm²、过磷酸钙600kg/hm²、硫酸铵450～600kg/hm²。在定植前上好顶膜以防降水，并在大棚通风口用20～30目尼龙网纱密封，以阻止蚜虫迁入。定植要选择晴天下午或阴天。在已做好的畦中或小高垄上开沟，顺沟浇足底水，及时定植。水渗后进行封土，1～2d后浅耕。定植株行距30cm×100cm，1厢2行，每667m²栽种3 500株。

五、生长管理

1. 温湿度管理 秋延后黄瓜的整个生育期，环境温度是由高向低变化的，且变化幅度大。因此，在植株生长的不同阶段调节、控制好温湿度，是大棚黄瓜秋延后栽培产量、效益高低的关键。

秋延后黄瓜苗期及中前期基本上是在露地气候条件下生长，温湿度随外界变化而变化。一般不进行人工控制。

9月中下旬要及时扣膜或撤旧膜换新膜，但白天要将棚边薄膜卷起，以利降温排湿。白天温度控制在 25～28℃，夜间以 13～17℃为宜，使昼夜温差达到 7℃以上。

进入 10 月以后，外界气温下降较快，应充分利用晴朗天气多的特点，白天使棚内温度保持在 26～30℃，夜间注意保温，使温度保持在 13～15℃。在外界夜温 10℃左右时，及时将草苫上好。

进入冬季后，主要的管理工作是加强保温，草苫要逐渐晚揭早盖，以保持棚内较高的温度，使植株站秧期尽可能延后。

2. 适时浇水　要看地、看苗、看时确定浇水次数和浇水多少，一般在晴天早晨进行，阴雨天勿浇水。

3. 追肥管理　秋延后黄瓜幼苗期和生长前期，由于高温多雨，生长速度快，要适当控制肥、水，防止其徒长。如基肥充足，基本可不必再施肥；应坚持小水勤浇，保持土壤湿润。此期还要进行 2～3 遍中耕划锄，以减少水分蒸发，疏松土壤，壮大根系。

秋延后黄瓜生长中期，由于光照足、温度高，一般播种后40～45d 即可采收根瓜。在这样短的时间内，既要大量生长茎叶，又要开花结瓜，需保证充足的水肥供给。一般于插架前进行第一次追肥，方法是在植株的外侧开沟，每 667m² 施腐熟的豆饼 80kg 或大粪干 500～600kg，施后覆土、浇水、插架。

在结瓜期补施二氧化碳气肥，特别是盛瓜期要给予充足的肥与水。一般每隔 10～15d 追 1 次速效肥，每次每 667m² 施尿素或磷酸二铵 15～20kg，最好两者交替施用，随水冲施。一般 3～5d 浇 1 次水，随着气温的逐渐下降，浇水间隔天数可视土壤墒情适当延长。

六、采　　收

适时采收。一般不要留大瓜，以防坠秧和引起化瓜。为赶行情，可以把采摘下来的黄瓜短期储藏。应将畸形瓜及早摘除。结瓜后期应摘除老叶、病叶、黄叶，当主蔓爬至架顶时打顶，盛瓜期每天采1次，最多2d采1次，利于上部结回头瓜。

第四节 北方日光温室黄瓜栽培技术

黄瓜是北方日光温室中栽培最普遍的蔬菜，其栽培面积占温室总面积的70%以上，每年1月温室黄瓜开始上市，一直到6月左右，对调剂冬春淡季的蔬菜品种，特别是春季市场的供应起到了极其重要的作用。日光温室的黄瓜生长期长、产量高，一般每667m^2 0.6万kg左右，产值在1万元左右，纯效益也有6 000～7 000元。其栽培的关键技术如下：

一、栽培制度与茬口安排

日光温室栽培黄瓜，其茬口一般是根据市场的需求、日光温室热量条件、黄瓜本身的生物学特性及生产者自身生产技术诸方面的因素来决定的。在我国北方，一般从9月中旬至翌年6月进行日光温室黄瓜的栽培生产，在这10个多月中，又因栽培季节不同而分为秋冬茬、越冬茬和冬春茬。

1. 秋冬茬 一般8月中下旬露地播种育苗，9月中下旬定植，10月中旬扣膜，10月下旬盖草帘。10月中下旬开始收获，11～12月下旬为盛瓜期，翌年1～2月拉秧。

2. 越冬茬 一般10月上中旬在温室中嫁接育苗，于11月中下旬定植，1月初开始采收，2月上旬至4月中旬为盛瓜期，采收期长达6个月以上，于6月下旬前后拉秧。

3. 冬春茬 一般11月下旬开始播种，播种时间可持续两个月。适宜的苗龄45～50d，定植后25～30d即可采收。一般3月进入盛瓜期。5月中下旬进入生产后期，7月上旬拉秧。

二、冬春茬黄瓜栽培技术

(一)品种选择

此茬前期低温，后期高温，整个生育期半年以上，应该选用既耐低温又耐高温、抗病能力强的品种，如津春3号、津优2号、中农9号等。

（二）定植

1. 定植时间　广大菜农总结出的经验为"三四片真叶、三四寸高、三四十天定植好"，但还要灵活掌握一个原则，即"时到不等苗"，越冬茬黄瓜应适时早定植，争取在11月上中旬进行。虽然苗龄不到，但早定植温度高易于成活，根系小利于缓苗，根扎得深可提高抗寒、抗病能力，从而为安全越冬提供条件。

2. 浇足底水　越冬茬黄瓜在定植后至采根瓜前一般不宜浇水，为了保证幼苗在漫长的冬季有足够的底墒，在深翻施底肥前应先浇1次大水。

3. 施足底肥　施足底肥很重要，一是能满足黄瓜长期结瓜对养分的需求；二是有利于改善土壤的通透性和储热保温能力；三是有利于大量连续产生CO_2；四是可提高产量。

底肥应施用腐熟牛马粪、禽粪、猪圈粪、人粪尿和秸秆堆沤肥等。每$667m^2$用量5 000～10 000kg；同时还要施入一定量的化肥，一般每$667m^2$施棉饼肥或豆饼肥200kg、过磷酸钙50～100kg、磷酸二铵50～70kg。嫁接换根后的黄瓜根系强大，分布深而广，所以土壤要深翻40cm。底肥多时宜普施，底肥少时，2/3用于普施，1/3集中沟施。

4. 定植方法　定植时注意收看天气预报，选择连续晴天的上午进行。具体做法如下：

（1）画线。宽行80～100cm，窄行50cm。

（2）开沟。从北到南开沟，沟宽10cm、深5cm。

（3）浇水。开好的沟中要顺沟倒水浇满为准，每棵瓜苗平均要达1.5～2L。

（4）摆苗。株距平均为30cm，前部25cm，中部30cm，后部35cm，以使后部光照较弱区的植株也能得到较多光照。

（5）起垄。用刮板在窄行中封沟培垄，宽行中间稍刮土整理，一般垄高15cm。

（6）撑拱。在窄行中架起小圆拱，每行 8 个，小拱比垄高 5cm。

（7）盖膜。用 90～100cm 宽的地膜覆盖窄行的垄面，由北到南，留出两头封闭膜。

（8）引苗。在有苗的地方先用刮须刀片割开长约 6.5cm 的"十"字形小口，然后把苗引出膜面，最后用细土把孔口堵严，以防漏气跑温。

（9）整垄。两人在两头拉紧绷展地膜，将地膜四周埋入土中。

（三）苗期管理

1. 缓苗期的管理　定植至缓苗的几天内，栽培管理的要点是防止幼苗体内水分过分蒸发，促进幼苗早生根，早缓苗，空气相对湿度要达到 90％以上，白天气温在 28～32℃，夜间控制在 22℃左右，不低于 18℃。地温一般应控制在 20℃左右，不低于 15℃，一般 1 周时间，就完全可以扎住根。采取的措施：一是温室密闭不进行通风；二是搭小拱棚，棚内不超过 35℃不揭膜；三是缓苗期间不浇水。

2. 缓苗后的管理　缓苗后至根瓜采收前是缓苗后的管理阶段，该阶段黄瓜由营养生长为主转向营养生长与生殖生长并进。管理的重点是既要促进营养生长，又要促进生殖生长，还要防止瓜苗徒长。在管理技术上应从以下几方面着手。

（1）温度调节。白天温度应控制在 22～29℃，阴雨天 18～24℃，夜间可控制在 8～12℃，进行大温差炼苗，以增强小苗对低温的适应能力，为冬季到来做准备。

（2）水分调节。缓苗后立即浇透缓苗水。此时根系将要转入迅速伸展期，通过浇水，以引导根系向外扩展。此后就转入控水阶段，直至采根瓜前一般不浇水，主要管理为加强保墒、提高地温，以促进根系向深处发展。此时如果浇水过于频繁，黄瓜根不向下伸长，瓜苗徒长，严冬到来时瓜苗抗逆性差、不抗冻、发病重，成为冬茬黄瓜种植失败的一个重要原因。

（3）肥药调节。为了加快缓苗后的生长，在浇缓苗水时每

$667m^2$追施硝酸铵5～7kg。如果瓜苗偏弱，可根外喷施1次微肥和植物生长调节剂。选择防治苗期病害的农药处理1次。

（4）放风调节。缓苗后应注意通风，防止棚内湿度过大。通风应在棚温达到29℃以上时进行，并避免通风过大导致棚内幼苗因温度骤然变化而受害。

（5）中耕调节。缓苗后应在宽行及时进行中耕，以利增温、通气，促进根系发育。中耕的方法由深到浅，由近到远，由细到粗中耕3次。

（四）结瓜期管理

日光温室冬春茬黄瓜的结瓜期一般为1～6月，要经过寒、暖两个阶段。在管理上必须根据不同的阶段、不同的季节，采取不同的措施。

1. 温光管理

（1）深冬严寒季节的管理。1～2月，外界气温最低，室内温度应严格管理。白天尽力采光储热，晚上采取措施防寒保温。这期间一般不通风，即使白天光照好，温度暂时升至32℃时也不急于通风降温，若温度继续升高，可从顶部稍开缝隙通风降温，使室内温度保持在30℃左右。白天温度略高，室内相对储存的热能多，晚上保持16～20℃的时间才能长，即使如此，早晨的温度仍是10～12℃，低于其他季节室内的温度，这样自然形成高、中、低的三阶段温度变化，即所谓的变温管理。如果遇到阴雪天气，白天应尽量增温，晚上最低温度不低于8℃为好。

（2）开春后的管理。开春后，日照时间越来越长，光照度越来越大，黄瓜随之进入结瓜旺盛期，此时温度管理指标随之提高，逐渐达到理论上的适宜温度，白天25～32℃，不超35℃，夜间20～14℃，不超过22℃。这样的管理黄瓜植株健壮，营养生长和生殖生长协调，有利于延长黄瓜结瓜期。进入3～4月，若为抢行情，多拿早期产量，可采用高温管理，白天30～40℃，夜间21～18℃。

（3）光照管理。日光温室冬春茬黄瓜在栽培中影响较大的是光照，如连阴6～7d，即使采取加温也难以维持黄瓜的正常生长。因此，在揭、放草帘上要尽量多争取光照，切不可只强调保温"闷帘"数日。除雪天不揭帘外，雪后及时扫雪掀帘，阴天也应揭帘，充分利用散射光。另外，棚膜的透明状况也影响太阳光线的透过，影响棚内温度上升，在生产过程中应擦洗棚膜上的灰尘，以便让更多的光线进入棚内。

2. 水分管理　结瓜后，土壤的水分对黄瓜产量影响极大，水分不足，满足不了黄瓜蒸腾作用的需要，影响植株对养分的吸收和光合作用的进行，以及植物体其他生理活动的进行。水分过多，会严重影响地温升高，使黄瓜根系生理活动减弱，吸收水肥能力降低，影响黄瓜的光合作用，还会导致土壤透气不良而发生沤根，所以结瓜期浇水必须严格和科学。一般来说，结瓜前期 7～10d 浇 1 次水。浇水时一定要膜下暗灌，小水轻浇，不能大水漫灌和浇宽行。瓜秧深绿、叶片富有光泽、龙头舒展是水分合适的表现。卷须呈弧状下坠，叶柄和茎之间夹角超过 45°，中午叶片有下坠现象是水分不足的表现，应及时浇水。冬季浇水还要看天气，不能盲目进行，如果浇水正好赶上连阴天的初始日，就会非常被动，因此要关注天气预报，使每次浇水赶上几个晴天。

春季进入结瓜盛期后，黄瓜需水量明显增加，此时要逐渐缩短浇水间隔天数，一般 3～4d 浇 1 次水。而且宽窄行都要浇水，才能满足植株生长。5～6 月，结瓜到了后期，叶片衰老，产量减少，需水量也应随之减少，应 7～8d 浇 1 次水，水量过大，次数过多，就会湿度偏大，造成病害蔓延，导致拉秧早。

空气湿度的调节原则是嫁接到缓苗期宜高些，相对湿度达 90% 左右为好，结瓜前期宜高些，一般掌握在 80% 左右，到盛瓜期要达到 85% 左右，这样既利于冬季防病，又利于春季长秧结瓜。一般低温高湿是黄瓜多种病害发生的条件，低温时必须严格控制空气湿度不得过大。高温时必须保持高湿，高温干燥不利于黄瓜正常生长和结瓜。

3. 营养管理

（1）土壤追肥。在施足基肥后，除苗期追施 1 次提苗肥外，一般采瓜前不追肥。开始采瓜后，此期正值低温阶段，每15d左右追肥1次，每667m² 每次追施硝酸铵10kg，或磷酸二铵10kg；春季进入结瓜盛期，追肥时间要逐渐缩短，追肥量要逐渐增大。一般每6~8d追施1次，每667m² 每次追施硝酸铵15~20kg。如果采用高温管理，每667m² 每次追肥量要达20~30kg；结瓜高峰期过后，植株开始衰老，追肥次数相应减少。

（2）根外追肥。根外追肥是日光温室黄瓜栽培的一项重要措施，特别是冬季地温低，土壤微生物活动慢，根系吸收能力差，这时进行根外追肥见效快、费用低，效果明显。

①微肥。微量元素是黄瓜生长过程不可缺少的营养，用量较少，但起着协调各种养分比例、促进植株光合作用、提高产量的作用。目前在黄瓜上普遍使用的有黄瓜灵、蔬菜灵、花蕾宝、爱多收、瓜多收、花果宝、农宝赞、农家宝、喷施宝、保丰露、美菜露等种类，可根据不同微肥在黄瓜上的使用浓度，每月喷施1次。微肥、植物生长调节剂使用次数不可过于频繁，以免形成肥害和元素过剩症。

②尿素、磷酸二氢钾、三元复合肥。结瓜开始后，每隔10d左右喷1次，3种肥料要交替喷施，浓度均为0.2%~0.3%，浓度不能高，以免产生肥害。

③补施二氧化碳。冬季不能经常通风，棚内二氧化碳经常处于低水平，严重影响光合作用效率。要想获得高产，必须补充二氧化碳。据报道，温室黄瓜施用二氧化碳后，光合作用强度提高48.5%，上市期提前10d左右，产量提高57.4%。

日光温室中施用二氧化碳，苗期到收获期均可进行。施用时应在晴天早上见光0.5~1h后进行。施后2h或室内温度超过30℃时可通风。阴雨雪天及室温低于15℃时不能施用二氧化碳。

（3）补糖。冬季温度低、阴天多、光照弱、易发病，严重影响黄瓜叶片的光合作用，因此黄瓜冬季产量较低。补糖具有明显的防病增产效果。目前多用白糖及红糖（浓度为0.5%）进行叶面喷施，但一般结合磷酸二氢钾、尿素、三元复合肥及喷药时进行。

应注意的是，根外追肥、补糖时，着重喷叶片的背面，少喷正面。喷雾器气压要大，雾化效果要好，喷到叶片上不能形成水滴下落。

4. 草帘的拉放及通风换气的管理

（1）草帘的拉放。冬季日光温室里的温度状况主要取决于草帘的揭盖时间和通风。揭盖草帘的时间依日照情况和温室内温度两个因素来决定。一般以早上揭帘后温度下降 1℃ 左右，而后又开始上升为宜。在 12 月至翌年 2 月这段时间，一般 8:00 左右揭帘为好；进入 3 月应逐渐提早；阴雨雪天应适当晚揭 1~2h，但不能不揭。因即使阴天的散射光线也可以使棚内温度上升，光合作用增强。如果不揭草帘，棚内温度会下降，湿度增大，病害易发生，且黄瓜易产生生理饥饿而化瓜。盖草帘时间应以棚内温度下降到 15~18℃ 为度。12 月至翌年 2 月，一般在 16:00 左右盖帘；3 月以后，一般在 17:00 左右盖帘；阴雨雪天应适当早盖，但一般不能早于 15:00。

（2）通风换气。冬季为排除室内湿气、有害气体及防止温度过高，有时也需适当通风。通风必须在温度达 30℃ 以上时进行。通风时只开上排风口，不开下排风口。并在放风口用塑料布阻挡直接进入温室的冷空气，不使其直接吹到瓜秧上，避免黄瓜受到冷害和冻害；进入春季后，随着气温的回升，棚内温度经常会超过 30℃，这时上、下排风口同时开放，热气对流易降温，否则只开一个放风口，温度很难下降。到春夏之际，温度经常超过 40℃，这时不仅上、下排风口全开，还要放底风。

5. 植株调整

（1）吊蔓。当黄瓜长到 6~7 片叶时，便不能直立而需要吊蔓。吊蔓采用渔网绳吊蔓代替传统的支架绑蔓法。具体做法：在每两行黄瓜南、北行下直拉两根铁丝，上架两根铁丝，每株黄瓜蔓旁上下绑一根竖立的渔网绳，渔网绳上部多留一部分，以便沉秧时续用。然后将瓜蔓缠于吊绳之上，形成 S 形绑蔓。当温室南部的黄瓜长到顶部，后部的黄瓜长到 1.8m 左右，操作不便时，及时将顶部吊绳解开下落，再重新绑好。因植株之间长势不同，高度参差不齐，落蔓时调整龙头（顶尖），使其南低北高形成一斜面，整齐受光。吊蔓时操作要轻，一次下沉也不宜过多，一般各处的高度不应超过棚内相应处高度的 2/3，更不要伤损叶片。

（2）整枝。日光温室中的黄瓜主要靠主蔓结瓜，若长出侧蔓，可保留侧蔓上的 1 条瓜和 1 片叶，其余摘掉。

（3）掐卷须、抹雄花。卷须消耗养分很多，有人说"一条卷须半条黄瓜"是有道理的。掐除卷须实为增产的好措施。为此，卷须一生出，就要掐掉，但掐时须注意留 0.5cm 的茬，便于缠蔓。嫁接后的黄瓜根系强大，雄花簇生很多，消耗养分。为此，雄花刚出生时就全部摘除。

（4）打病残老叶。当黄瓜植株长到一定高度时，下部叶片黄化残破甚至得病，应及时将其打掉，下部虽然显绿但颜色变暗、已失去功能的叶片一并摘除。但 1 次不可过多，最多 2~3 片。这样，一方面减少水分蒸腾和养分消耗，另一方面可减轻病害传播。

（5）植物生长调节剂处理雌花。人工去雄使得黄瓜授粉结实已不可能，虽然黄瓜雌花具有单性结实的习性，但单性结实瓜的产量远不如授粉的产量高。在日光温室生产过程中，即使保留雄花，因环境条件不适宜，也极难授粉。因此，采用植物生长调节剂处理刺激雌花单性结实的生长发育，已成为日光温室黄瓜生产中增加产量的一项重要措施。一般多用 200mg/kg 赤霉素液，在雌花开放时用小型喷雾器喷雌花子房，能显著加速黄瓜生长。据陈雅君等研究，用赤霉素处理能提高产量 34%~191%，但应用赤霉素时，切勿喷叶片，否则反而刺激雄花形成。

（五）采收

合理采收是调整植株营养生长与生殖生长的重要措施。一般在根瓜基本定型后，应尽早采收；根瓜采收后再采上部瓜时，必须看上部的瓜是否坐住，并有一瓜长到 10cm 左右才能采收。若有相邻节位或同节的两三条瓜同时形成、同时生长，可将下部早形成的瓜先采收，以利上部瓜的生长。瓜秧生长旺盛，叶大茎粗，瓜要晚采收；瓜秧生长势弱，必须尽早采收。出现"花打顶"必须狠采收。寒流到来前尽量多采瓜，利于低温下营养生长。腰瓜采收期间，营养生长旺盛，一定要让瓜起到"坠秧"作用。采瓜的具体时间早上比下午好，浇水后比浇水前好。

第五节　冬暖式大棚黄瓜栽培技术

冬暖式大棚早春茬黄瓜结瓜早，采收期也早，加上春季是蔬菜的淡季，价格又好。所以，这茬黄瓜也是一年中黄瓜种植的黄金季节，适宜在我国东北、华北地区推广种植。1月是全年中低温、寡照环境条件最差的时期，在此时培育出适龄壮苗是生产的关键所在。

一、品种选择

早春茬黄瓜同冬春茬一样要求所选品种在低温和弱光下能正常结瓜，还要耐高温和耐高湿，在高温和高湿条件下结瓜能力强，结回头瓜多，另外还要抗病性好，对大棚环境的适应能力强，对管理要求不严，意外伤害后恢复能力好。目前生产上应用的绝大部分品种还只限于密刺系列，包括长春密刺、新泰密刺、津春3号、中农5号等。

二、播种期的确定

早春茬黄瓜一般苗龄45d左右，定植后约35d开始采收，播种到采收需历时80d左右。一般播期应在12月下旬到翌年1月中下旬，4月前后开始采收，以便在五一劳动节前后进入产量高峰期。

三、育　　苗

1. 采用电热温床育苗　采用一次播种育成苗的方式，即将出芽的种子播入营养钵或营养穴盘中，不再分苗。苗床要选择冬暖大棚采光条件好的部位，一般育667m^{2}地需20~25m^{2}苗床。

2. 育苗常见问题　黄瓜苗期温度一般不宜过高，否则会延迟雌花的形成，提高第一雌花节位，影响早熟性。一般白天控制28℃，夜间17℃。

若发现幼苗的子叶一大一小或者在同一侧，这是由于种子不充实造成。若在土壤水分充足的情况下，发现幼苗的子叶尖端下垂，颜色翠绿，这主要是温度低所致。如果子叶边缘变白而且向上卷起，这是突然降温所致。

一般情况下，黄瓜子叶寿命的长短，往往影响黄瓜植株寿命的长短。黄瓜子叶枯萎脱落期是子叶张开后的20～27d，在大棚生产上尽量保持子叶长久不落。如果发现子叶尖端部分黄萎，叶肉很薄，并且水分多，这是光弱、浇水过多所致，严重的可使根系腐烂一部分。如果子叶尖端干燥枯黄，这是缺水或土壤肥料浓度过高所致。所以，大棚育苗要特别注意水肥管理。

一般生长正常的幼苗真叶中部、上部叶片面积应比下部的大，新生叶片颜色应比原有的浅。如果发现相反的现象，多半是缺水所致，不及时发现，容易出现"花打顶"现象。如果真叶的叶肉厚，浅黄，没有光泽，幼茎生长慢，生长点缺少生气，主要是低温所致。

为了提早上市，应采用大苗龄甚至带1～2朵雌花移栽，便于早熟。一般苗龄35～50d、4叶1心时定植。具体苗龄长短应根据定植环境条件而定。一般地说，定植环境条件好的，苗龄可短些；反之，则长些。

在苗子出芽3～5d即可选苗1次，选子叶肥厚、两面大小对称的，把不对称的和往一面背的等不正常的去掉。

四、定　　植

1. 定植日期　2月初至3月初，具体早晚可参照上述播种日期和定植的环境条件。

2. 起垄做畦及肥料管理　在起垄做畦前应深翻，并施足有机肥，一般每667m² 施有机肥2 500～5 000kg，鸡粪、猪粪、马粪等都可以。但一定是发酵好的，尤其鸡粪未发酵好易发生粪害。起垄或做畦时，每 667m² 施磷酸二铵 30kg 和硫酸钾 20kg 左右做底肥。定植时不要栽太深，栽后 2～3d 在畦上盖地膜。

五、定植后的管理

1. 环境调控 一般定植后数天内要紧闭风口，暂不通风，以提高地温和气温，除非温度达到 34℃ 以上，才可短时通小风，使温度稍降低。一般缓苗前白天温度保持在 28～32℃，夜间温度最好在 20℃ 以上。缓苗后温度适当降低，白天一般 25～30℃，夜间 16～18℃；阴天温度白天维持在 20～22℃，夜间 16～17℃，同时在对温度影响不大的情况下，尽量早揭和晚盖防寒保暖覆盖物，尽可能多增加光照。在通风降温、排湿换气时，注意打开通风口，不要让冷空气直接吹向植株，以致植株骤然受冷而"闪苗"，使苗萎蔫，影响生长发育。随着气温逐渐升高，要加大通风量。

2. 水肥管理 春提早栽培的前期，温度较低，浇水会引起降温，而植株生长缺水时又不能不浇水，所以浇水技术十分关键。一般定植水浇后 5～7d 不用另行浇水，为了防止水分过量蒸发，可用中耕的办法，一方面破坏土壤毛细孔，另一方面疏松土壤，利于透气，促进早发根。如果缓苗较慢，而又需浇水时，浇水量一定要小，够生长需要最低量即可。如果缓苗很好，但缓苗后又发生干旱缺水，这时每次浇水应基本浇透，尽管外界气温很低，也不要少量多次。一般原则是根瓜长到大拇指长短前不浇水，此后随着外界气温升高，需水量加大，浇水量次数要增加。

定植初期，大棚的前边空间小易受外界低温影响，因而前边的温度低，植株对水分的消耗也小于后边的。到后期，由于日照充足，气温升高，前边的地温升高，植株对水分的需求反而大于后边，所以浇水上对此情况充分注意，区别对待。前期的浇水量要适当小，后期则加大。对地下水位高的大棚黄瓜栽培要比地下水位低的浇水量小些，浇水间隔时间长些。大棚东西两山墙附近，由于早晨或傍晚分别有一段时间遮阴，此处黄瓜蒸腾水分和土壤水分蒸发量都小，且黄瓜长势也弱些，因此，各次浇水量都要小些（定植水除外）。但若在结瓜期遇到连日阴雨，为了保秧又保瓜，可以采取浇小水或喷畦埂等措施来补充土壤水分。如果施肥量过大或者施入尚未腐熟的有机肥，容易造成幼苗烧根，此时须浇大水，稀释土壤溶液和降低土温。

根瓜采收后，随着黄瓜生长加快，外界气温升高，浇水则由人行道引水浇灌。当主蔓已经摘心且顶瓜采收后，为了促使回头瓜产生，控制一段时间浇水，直到回头瓜开始发育时再恢复正常浇水。

一般自根瓜开始，需肥时可随水施肥。用有机肥与速效肥交替施用较好。最好是随水追施发酵好的人粪或鸡鸭粪。若无此条件需追施化肥，一般每浇 1～2 次水施 1 次肥，一定少量多次。化肥用硝酸铵、硫酸铵、尿素都可以，一般每 667m² 每次 10～15kg，尿素含氮高，量可少些。在结瓜后，钾肥的补充对提高植株抗性和改善品质是必要的。一般施硫酸钾或氯化钾，施几次即可，根据情况择定。

3. 植株调整

（1）吊架。当秧苗长至 5～6 片叶时易倒伏，用无色透明塑料绳吊架。吊架注意每次缠绕秧时不要将瓜蔓绕进绳里边去。

（2）整枝绑蔓。绑蔓一定要轻，不要碰伤瓜条和叶片，以免影响生长。绑蔓时，让每排植物的龙头，即植株顶端最好处于同一高度上，使其整体一致。具体做法：对生长势较弱的植株可以直立松绑，对生长势较强的弯曲紧绑，用不同的弯曲程度来调整植株生长上的差异。每次绑蔓使龙头朝向同一方向，这样有规律的摆布能有效防止互相遮阴，使其更好采光。绑蔓时顺手摘除卷须，以节约养分。对有侧蔓的品种，应将根瓜下的侧蔓摘除，其上的侧蔓可留 1～2 个瓜摘心。根据棚空间可确定摘心时间，一般主蔓长到 25 片时即可摘心。主蔓摘心可采取"闷小尖"的办法，即植株长至架顶时，把顶端叶子沿未展开的小尖（生长点）掐去。这样做可使植株的营养损失较小。黄瓜生长中后期及时摘除基部老叶、黄叶、病叶，有利于通风透光和减轻病虫害。

（3）落蔓。大棚黄瓜的栽培时间比较长，一般采取以挂钩斜挂法为主的整枝法，不采取摘心或换头等技术控制其生长。黄瓜植株的高度一般可以长到3m以上。植株过高，尤其当植株顶到棚顶薄膜时，不但影响薄膜的正常透光，植株间相互遮阴，导致大棚内通风透光不良，而且在寒冷冬季容易造成黄瓜龙头遭受冻害，一方面影响黄瓜的产量与品质，另一方面容易导致病害的发生和传播，不利于黄瓜的正常生长。所以为使黄瓜植株能继续生长结瓜，采取落蔓技术是行之有效的方法，即将植株整体下落，让植株上部有一个伸展空间继续生长结瓜，实现大棚黄瓜的高产、高效、优质栽培。

当黄瓜满架时，就开始落蔓。落蔓时，先将瓜蔓下部的老叶和瓜摘掉，然后将瓜蔓基部的吊钩摘下，瓜蔓即从吊绳上松开，用手使其轻轻下落并顺势圈放在小垄沟上的地膜上（大棚黄瓜采用地膜栽培），瓜蔓下落到要求的高度后，将吊钩再挂在靠近地面的瓜蔓上，然后将上部茎蔓继续缠绕、理顺，尽量保持黄瓜龙头上齐。

落蔓应注意以下几点：一是落蔓前7～10d最好不要浇水，以降低茎蔓组织的含水量，增强茎蔓组织的韧性，防止落蔓时造成瓜蔓的断裂；落蔓前要将下部的叶片和黄瓜摘掉，防止落地的叶片和黄瓜发病后作为病源传播侵染其他叶片和黄瓜。二是要选择晴天落蔓，且不要在10:00前或浇水后进行，否则茎蔓含水量偏高，缺乏韧性，容易折断或扭裂。落蔓的动作要轻，不要硬拉硬拽。要顺着茎蔓的弯曲方向引蔓下落，盘绕茎蔓时，要随着茎蔓的弯向把茎蔓打弯，不要硬打弯或反向打弯，避免折断或扭裂茎蔓。瓜蔓要落到地膜上，不要落到土壤表面，更不允许将瓜蔓埋入土中，以避免黄瓜茎蔓在土中生长不定根后，失去嫁接意义。瓜蔓下落的高度一般在0.5～1.0m。保持有叶茎蔓距畦面15cm左右，每株保持功能叶15～20片。具体高度应根据黄瓜长势灵活掌握，若下部瓜很少或上部雄花多雌花少，瓜秧长势旺，可一次多下落一些，否则可少落一些。注意保证棚内植株间高度相对一致。即东西方向高度一致，南北方向是北高南低的趋势。三是落蔓后需加强水肥管理，促发新叶。追肥方式以膜下沟冲施肥法为宜。落蔓后要加强防病措施，根据黄瓜常发病害的种类，随即选用相应的药剂喷洒防病；落蔓后的几天里，要适当提高大棚内的温度，促进茎蔓的伤口愈合；落蔓后茎蔓下部萌发的侧枝要及时抹掉，以免与主茎争夺营养。

六、采 收

根据当地消费习惯和最大效益进行采收。一般在正常管理条件下，雌花谢后 10～14d 即可采收。随着以后气温升高，瓜条发育速度加快，需勤收。

第八章 <<<

黄瓜病虫害防治

　　病虫害是黄瓜生产过程中主要的制约因素之一，直接影响其产量与品质。病虫害能否得到有效控制，是黄瓜高产稳产的关键。黄瓜病害分为非侵染性病害与侵染性病害。非侵染性病害是由非生物因素即黄瓜所处不适宜的环境条件引起，这类病害无传染性，田间发病特点主要为分布比较集中，发病面积较大，而且较为均匀，发病时间一致，发病部位大致相同，当环境条件恢复正常时，病害即停止发展，并可能逐步恢复正常。侵染性病害由病原微生物侵染所致，具有传染性，田间分布由点到面逐步扩展，有些病害与昆虫活动有关。根据病原微生物种类，黄瓜病害又分为真菌性病害、细菌性病害、病毒性病害及线虫病害，常见种类有霜霉病、细菌性角斑病、白粉病、病毒病、灰霉病、枯萎病等。黄瓜上害虫种类较多，钻蛀性及地下害虫主要有小地老虎、蝼蛄、黄瓜天牛等，取食茎叶及花果的害虫主要有瓜绢螟、烟粉虱、美洲斑潜蝇、瓜蚜、小绿叶蝉、侧多食跗线螨，以及守瓜类、蓟马类、叶螨类、实蝇类等，特别是烟粉虱、美洲斑潜蝇、棕榈蓟马等微型害虫危害严重，如果防治不及时，常对生产造成极大损失。

第一节　黄瓜主要侵染性病害的识别及其防治

一、黄瓜猝倒病

　　黄瓜猝倒病为黄瓜苗期主要病害，我国各地均有发生，其发生程度与育苗设施、环境条件和管理水平有密切关系，冬春季育苗时，受寒冷、寡照和雨雪天气影响或管理不善，可造成幼苗成片死亡，影响生产。

1. 症状识别　幼苗出土后染病，多在幼茎基部或中部呈水渍状软化，后变成黄褐色干枯，缢缩为线状，往往子叶尚未凋萎，幼苗即倒伏地面，刚折倒的幼苗依然绿色，故称猝倒病。苗床湿度大时，病株附近长出白色棉絮状菌丝。

2. 发病条件　该病是由瓜果腐霉引起的真菌病害，苗床内低温高湿的条件有利于发病，土壤温度 15～16℃时，病菌繁殖很快。床土含水量高，利于病害蔓延。苗床常在浇水后积水窝或棚顶滴水处出现发病中心，其后向四周扩散，引起成片死苗。阴雨、降温、光照不足、苗床保温差、播种过密、漫水灌溉、放风不及时等原因，造成苗床闷湿和温度或高或低，都会诱发病害。此外地势低洼、排水不良、黏重土壤及使用未腐熟堆肥的苗床，也易发病。

3. 防治方法　选择地势高、地下水位低，排水良好的地做苗床。床土应选用无病新土，如果用旧园土，应消毒。加强苗床管理，播前 1 次灌足底水。育苗床及时放风、降湿，即使阴天也要适时适量放风排湿，严防瓜苗徒长染病。苗床发病时应及时清除病苗及其附近病土，并选用 15%噁霉灵水剂 450 倍液、72.2%霜霉威水剂 600 倍液、72%霜脲·锰锌可湿性粉剂 600 倍液、64%噁霜·锰锌可湿性粉剂 500 倍液等，每平方米喷淋药液 2～3L。隔 7～10d喷 1 次，一般防治 1～2 次。用药后注意苗床保温和提高土壤温度，往床面上撒些细干土降低土壤湿度，有利于提高防治效果。

二、黄瓜霜霉病

黄瓜霜霉病在各地均有发生，是一种流行性强、具有毁灭性特点的病害，管理不当常引进黄瓜叶片和植株成片死亡，减产损失严重。

1. 症状识别　全生育期均可发生，主要危害叶片。叶片背面初生水渍状浅绿色斑点，扩大后呈多角形，病斑由黄变褐，边缘黄绿色，潮湿时叶背长出黑色霉层。后期，病斑破裂或连片，致叶缘干枯卷缩，严重田块一片枯黄。该病症状表现与品种抗病性有关，感病品种如密刺类型呈典型症状，病斑大，易连接成大块黄斑后迅速干枯；抗病性品种如津研、津杂类叶色深绿型系列，病斑小，褪绿斑持续时间长，在叶面形成圆形或多角形黄褐色斑，扩展速度慢，病斑背面霉稀疏或很少。

2. 发病条件 由古巴假霜霉侵染所致，病害发生与流行适宜的温度为20～24℃、空气相对湿度高于83％。天气忽冷忽热、昼夜温差大、结露时间长、多阴雨、少光照的天气，以及地势低洼、浇水过多过勤、种植过密、通风透光差、肥料不足的地块，或者棚内结雾结露，叶面有水滴及水膜等均有利于该病的发生和流行。

3. 防治方法 掌握黄瓜开花初期及采收盛期两个关键时期，在环境条件适宜发病时及时施药预防，可选用80％代森锰锌可湿性粉剂500倍液、75％百菌清可湿性粉剂500倍液、50％福美双可湿性粉剂700倍液等，重点喷施容易发病植株及其周围的植株，每隔10d喷施1次。于病害发生前期，选用50％烯酰吗啉可湿性粉剂1 500倍液、20％氟吗啉可湿性粉剂1 000倍液、25％双炔酰菌胺悬浮剂1 000倍液、25％吡唑醚菌酯乳油1 000倍液等喷雾处理，视病情确定用药次数，隔7～10d用药1次。棚室可用烟雾法或粉尘法进行防治，于发病初期，每667m² 用45％百菌清烟剂250g、30％百菌清烟剂350g、20％腐霉·百菌清烟剂250g，分别在棚室内4～5处点燃密闭熏烟处理。或于清晨或傍晚用喷粉器喷撒5％百菌清粉尘剂或5％春雷·王铜粉尘剂，每667m² 1kg，隔7～10d撒1次。上述方法可单独或交替使用。

三、黄瓜细菌性角斑病

该病是黄瓜大棚栽培常见病害之一，常与霜霉病混淆而不能对症用药，造成较大损失。

1. 症状识别 黄瓜全生育期均可发病，主要危害叶片，也危害果实与茎蔓。叶片初生鲜绿水渍状小斑点，渐变淡褐色，扩大后呈多角形、灰褐色至黄褐色、油渍状病斑，潮湿时叶背病斑外围有黄色晕环，内生乳白色水珠状菌脓，干后具白痕，后期病部易穿孔，有别于霜霉病。

2. 发病条件　该病属于细菌性病害，由丁香假单胞杆菌黄瓜角斑致病型侵染所致。发病的最适宜温度18～26℃，要求高湿和土壤高含水量，因而在高温多雨季节多发生。温度高、降雨多、光照少的年份，以及浇水勤、浇水量大、地势低洼、排水不良和多年连作重茬地块，水肥管理不当，都会加重发病。昼夜温差大，湿度大或结露重，持续时间长的棚室内发病较露地重。

3. 防治方法

（1）种子消毒。外购无包衣种子可在70℃下恒温干热灭菌72h，或用50℃温水浸种20min，捞出后晾干催芽播种。还可用次氯酸钙300倍液浸种30～60min，或用72%农用链霉素可溶性粉剂3 000～4 000倍液浸种2h，或用40%福尔马林150倍液浸种90min，清水洗净后再按常规操作浸种催芽。

（2）药剂防治。发病初期及时喷洒47%春雷·王铜可湿性粉剂700倍液、50%琥胶肥酸铜可湿性粉剂500倍液、77%氢氧化铜可湿性粉剂1 500倍液、50%氯溴异氰尿酸可湿性粉剂1 200倍液、72%农用链霉素可溶性粉剂4 000倍液、41%乙蒜素乳油800倍液、2%春雷霉素水剂300倍液喷雾，交替使用，每隔7～10d喷1次，连续2～3次。

四、黄瓜白粉病

黄瓜白粉病俗称白毛病，是各地黄瓜生产的一种重要流行病害，常在温室、大棚和露地黄瓜生产后期发病严重，造成叶片干枯，植株成片死亡。

1. 症状识别　主要危害叶片，从植株下部向上发展。发病初期叶面出现白色小霉点，以叶正面为多，后渐渐扩展为不规则的霉斑，继而全叶布满白粉，后期变为灰白色，叶片变黄、干枯。

2. 发病条件　该病多由单丝壳白粉菌侵染所致，喜温，耐干燥，最适发病温度16～24℃，相对湿度75%。棚室黄瓜当高温干燥与高温高湿条件交替出现时，露地黄瓜雨后田间湿度大，紧接高温干燥天气时，白粉病易于流行。瓜类蔬菜连茬，长势弱，水肥不足，光照条件差，通风不良，天气闷热时病势发展快。黄瓜叶片展开后 16～28d 内最易感病，幼龄植株和幼嫩叶片较抗病，衰老植株和老熟叶片发病重。

3. 防治方法

（1）温室黄瓜要注意加强通风，春、夏黄瓜与矮生蔬菜间作，改善通风、透光条件，可减轻发病。

（2）施磷、钾肥，保证营养，特别是黄瓜生长中、后期注意及时追肥。

（3）棚室栽培可于播种前或定植前 10d 用硫黄熏蒸消毒，每平方米用硫黄粉 2.3g、锯末 4.6g，混合后分放几处同时点燃密闭熏蒸，但黄瓜生长期禁用；发现中心病株后，选择 2%抗霉菌素（农抗 120）水剂 200 倍液、10%多抗霉素可湿性粉剂 500 倍液，或孢子数为 1 000 亿个/g 的枯草芽孢杆菌可湿性粉剂 800 倍液、3 亿 CFU/g 哈茨木霉可湿性粉剂 400 倍液进行喷雾，重点喷施容易发病植株及其周围的植株，一般每隔 7d 喷施 1 次。也可选择 10%苯醚甲环唑水分散粒剂 1 000 倍液、25%乙嘧酚悬浮剂 1 000 倍液、25%戊唑醇水乳剂 2 000 倍液、12.5%腈菌唑乳油 2 000 倍液、30%氟菌唑可湿性粉剂 3 000 倍液、4%四氟醚唑水乳剂 1 000 倍液等，在发病高峰期间可 2～3d 喷 1 次，连喷 2～3 遍，再间隔 7d 喷药。

五、黄瓜靶斑病

黄瓜靶斑病又称黄点子病，该病已上升成为保护地和露地黄瓜生产上的重要病害。其症状与黄瓜霜霉病、细菌性角斑病极易混淆，后期又与炭疽病不易区分，生产上误按霜霉病和细菌性角斑病用药，防治效果较差，危害损失较重。

1. 症状识别　主要危害叶片，多在采瓜初期始见病，盛瓜后期发病严重。起初为黄色水渍状斑点，直径约 1mm。发病中期病斑扩大为圆形或不规则形，易穿孔，叶正面病斑粗糙不平，病斑整体褐色，中央灰白色、半透明。后期病斑直径可达 10～15mm，病斑中央有一明显的眼状靶心，湿度大时病斑上可生有稀疏灰黑色霉状物，呈环状。

2. 发病条件 由半知菌瓜棒孢菌引起，以分生孢子丛或菌丝体在病残体上越冬，菌丝或孢子在病残体上可存活 6 个月。病菌借气流或雨水飞溅传播。病菌侵入后潜育期一般 6～7d，高湿或通风透气不良等条件下易发病，25～27℃、饱和湿度、昼夜温差大等条件下发病重。该病导致落叶率低于 5％时，病情扩展慢，持续约 2 周，而以后 1 周内发展快，落叶率可由 5％发展到 90％。

3. 防治方法

（1）适时轮作。与非瓜类作物实行 2～3 年及以上轮作。

（2）种子消毒。该病菌的致死温度为 55℃/10min，所以可采用温汤浸种的办法。种子用温水浸种 15min 后，转入 55～60℃热水中浸种 10～15min，并不断搅拌，然后让水温降至 30℃，继续浸种 3～4h，捞起沥干后置于 25～28℃下催芽，可有效消除种皮病菌。

（3）加强栽培管理。彻底清除前茬作物病残体，及时摘除中下部病斑较多的病叶、病株，并带出田外烧毁，减少初侵染源。适时中耕除草，浇水追肥，同时放风排湿，改善通风透气性能。

（4）药剂防治。由于病菌侵染率高，因此要做好早期防护，重点喷中、下部叶片，交替用药。发病初期可选用 45％百菌清烟剂熏烟，用量为每 667m² 每次 250g，或喷撒 5％百菌清粉尘剂，每 667m² 每次 1kg，隔 7～9d 喷 1 次，连续防治 2～3 次。预防时可用 0.5％氨基寡糖素水剂 400～600 倍液或 S-诱抗素喷雾。发病后用 25％阿米西达悬浮剂 1 500 倍液、40％施佳乐悬浮剂 500 倍液、40％腈菌唑乳油 3 000 倍液、0.5％氨基寡糖素水剂 400～600 倍液或 60％百泰水分散粒剂 3 000 倍液等，每隔 7～10d 喷 1 次，连喷 2～3 次。发病严重的，加喷铜制剂，可喷施 30％硝基腐殖酸铜可湿性粉剂 600～800 倍液。

六、黄瓜灰霉病

黄瓜灰霉病在各地保护地或露地栽培均有发生，但以棚室黄瓜受害较为严重。

1. 症状识别 黄瓜花、茎、叶、果均可染病。叶片初生水渍状，灰白色病斑，渐变近圆形至不规则形，淡褐色或褐色。潮湿时叶、茎、花、果的病部湿腐状，表面常生有轮纹，斑面长出灰色霉层。

2. 发病条件 由弱寄生菌灰葡萄孢引起，适宜温度 $20\sim23℃$，在低温高湿条件下易诱发此病，冬春季阴雨天气多，栽植过密，植株表面结露，浇水不当，放风不及时等，病害可迅速流行。

3. 防治方法

（1）生态防治。棚内覆盖流滴、消雾、保温、防老化多功能棚膜。推广高畦地膜覆盖栽培，结合滴灌等节水措施，降低棚室内空气相对湿度，有效预防或减少该病发生。浇水宜在上午进行，发病初期适当节制浇水，严防过量。

（2）发病后及时摘除病果、病叶，集中烧毁或深埋。

（3）药剂防治。发病前用 50％啶酰菌胺水分散粒剂 1 000 倍液、25％啶菌噁唑乳油 800 倍液、50％咯菌腈可湿性粉剂 4 000 倍液、50％腐霉利可湿性粉剂 1 500 倍液、50％异菌脲可湿性粉剂 1 000 倍液、10％多抗霉素可湿性粉剂 500 倍液、孢子数为 1 000 亿个/g 的枯草芽孢杆菌可湿性粉剂 800 倍液、3 亿 CFU/g 哈茨木霉可湿性粉剂 400 倍液进行喷雾，重点喷施容易发病植株及其周围的植株，一般每隔 7d 喷施 1 次。棚室可用烟雾法或粉尘法进行防治，于发病初期，每 667m² 每次用 10％腐霉利烟剂 250g、20％腐霉·百菌清烟剂 250g、15％异菌·百菌清烟剂 250g 分别在棚室内 4～5 处点燃密闭熏烟处理。或于清晨或傍晚用喷粉器喷洒 5％百菌清粉尘剂，或 5％灭霉灵粉尘剂，每 667m² 喷 1kg，每隔 7～10d 喷 1 次。上述方法可单独或交替使用。

七、黄瓜枯萎病

黄瓜枯萎病也称蔓割病，俗称死秧，我国各地都有发生，以保护地栽培发生严重。

1. 症状识别　整个生育期均可受害，最典型的症状是叶片萎蔫，被害株最初表现为植株的一侧叶片或部分叶片萎蔫下垂，叶片色泽变淡，似缺水状，中午更为明显，早晚尚能恢复。将病茎纵切，可见维管束变褐色，这是区别其他病害造成死秧的特征。一般多在成株期开花结果后发病较重，病株叶片从下向上发展，以后萎蔫叶片不断增多，几天后逐渐遍及全株。病株茎基部常缢缩，表皮多纵裂，茎部和节间出现黄褐色斑，常有黄色胶状物流出。根部褐色腐烂，易被拔起，湿度大时病部产生白色或粉色霉状物。

2. 发病条件　该病是由尖镰孢引起的土传真菌病害，发病适宜条件为气温 24~25℃，土温 25~30℃，相对湿度高于 85%。根部积水、氮肥过多，以及酸性土壤不利于黄瓜生长而利于病菌活动，在 pH 4.5~6.0 的酸性土壤中枯萎病发生严重，地下害虫、根结线虫多的地块病害发生重。施用未充分腐熟的有机肥，或养分不足、种植密度过大、秧苗老化地块都易于发病。重茬次数越多病害越重。

3. 防治方法

（1）选用抗病品种。黄瓜品种间对枯萎病的抗性差异明显，应选用抗枯萎病的黄瓜品种，如中农 5 号、中农 7 号、中农 8 号、津春 3 号、津研 7 号、博新 3 号、鲁蔬 C07、鲁蔬 21、鲁蔬 120 等高抗病品种。

（2）实行轮作。与非瓜类蔬菜进行 3 年以上轮作。

（3）土壤消毒。育苗床土要使用未发生过枯萎病的土壤进行育苗，同时土壤喷洒消毒剂进行消毒。苗床用 50% 多菌灵可湿性粉剂 8g/m^2，将药剂加入营养土中进行消毒。定植前要对栽培田进行土壤消毒，用 50% 多菌灵 45kg/hm^2，混入细土，配制成药土，撒入定植穴内。并配合喷施新高脂膜增强药效，以提高药剂有效成分利用率。

（4）嫁接。黑籽南瓜对枯萎病菌免疫力强，以此做砧木嫁接黄瓜。定植时，黄瓜与黑籽南瓜嫁接的接口处须距离地面一定的高度。

（5）加强水肥管理。深翻整地，高畦栽培，栽前多施基肥，农家肥要充分腐熟。施肥应注意氮、磷、钾的配合，及时清除残体，田间发现病株立即拔除。结瓜前控制浇水，促进根系生长；结瓜期适当多浇水、追肥，但要掌握小水勤浇原则，严禁大水漫灌。收瓜后应适当增加浇水，成瓜期多浇水，保持旺盛的长势。

（6）农药防治。没有包衣的种子，可在播种前用多菌灵可湿性粉剂拌种，用药量为种子重量的 0.3％～0.4％，或用 2.5％咯菌腈悬浮种衣剂拌种，用药量 10mL 加水 200mL 混匀后，拌种 3～4kg。在黄瓜开花结瓜后于发病初期，可选用 2％抗霉菌素水剂 150 倍液、2％春雷霉素可湿性粉剂 50～100 倍液、3％氨基寡糖素水剂 600 倍液灌根，每株 250mL 药液，每隔 10d 后处理 1 次，连续防治 2～3 次。也可选用 2.5％咯菌腈悬浮剂 1 000 倍液、2.5％咯菌腈悬浮剂 1 000 倍液与 50％多菌灵可湿性粉剂 500 倍液或 50％甲基硫菌灵可湿性粉剂 600 倍液混合、3％甲霜·噁霉灵水剂 800 倍液、36％三氯异氰尿酸可湿性粉剂 1 000 倍液、20％甲基立枯磷乳油 1 000 倍液、70％敌磺钠可溶性粉剂 600 倍液灌根，每株 100mL 药液，每隔 10d 后处理 1 次，连续防治 2～3 次。也可喷茎与涂茎。

八、黄瓜疫病

黄瓜疫病俗称黄瓜瘟病，无论是露地或保护地黄瓜受害都比较严重，常造成大面积死秧、烂瓜。

1. 症状识别　黄瓜整个生育期均可发生，能侵染黄瓜的叶、茎和果实，以蔓茎基及嫩茎节部发病较多。近地面茎基部发病，初呈暗绿色水渍状，病部缢缩，其上的叶片逐渐枯萎，最后造成全株死亡。由于病情发展迅速，病叶枯萎时仍为绿色，故症状为青枯型。叶片被害，初产生暗绿色水渍状斑点，后扩展成近圆形大病斑，天气潮湿时，病斑扩展很快，常造成全叶腐烂。果实被害，形成暗绿色近圆形凹陷水渍状病斑，扩展到全果时皱缩软腐，表面长有灰白色稀疏霉状物。

2. 发病条件　该病由甜瓜疫霉侵染所致，最适温度为 28～

30℃，在适宜发病温度范围内，湿度是决定病害发生和流行的首要因素。低洼、畦面高低不平、易积水的田块，由于土壤含水量过高、湿度过大，导致根系发育不良、植株嫩弱，抗病力下降。重茬、田园不洁、施用带有病残物的未腐熟厩肥，发病严重；棚室内温度过高、浇水过大，或地下水位高、湿度大，发病严重；连年栽种瓜类作物的田块发病重。

3. 防治方法

（1）黄瓜种子应从无病种瓜上采种，如种子带菌，可采用福尔马林 100 倍液浸种 30min，洗净晾干后播种。

（2）对苗床或土壤分别进行消毒，每 667m² 苗床用 25％甲霜灵可湿性粉剂 8～10g 与土壤拌匀撒在苗床上。定植前期用 25％甲霜灵可湿性粉剂 750 倍液喷洒地面。

（3）与非瓜类作物实行 3 年轮作，以减轻发病。黄瓜地增施有机肥料，其肥效期长，且能改善土壤结构，有利于黄瓜根系生长发育，提高植株抗病力。

（4）由于疫病潜育期短，蔓延迅速，所以需病前用药，可选用50％烯酰吗啉可湿性粉剂1 500倍液、20％氟吗啉可湿性粉剂1 000倍液、25％双炔酰菌胺悬浮剂 1 000 倍液、25％吡唑醚菌酯乳油 1 000倍液、25％甲霜灵可湿性粉剂 1 000 倍液、58％甲霜·锰锌可湿性粉剂 1 000 倍液、64％杀毒矾可湿性粉剂 400 倍液、72.2％霜霉威水剂 600 倍液、72％霜脲·锰锌可湿性粉剂 700 倍液等喷雾处理，视病情确定用药次数，每隔 7～10d 用药 1 次。

九、黄瓜炭疽病

黄瓜炭疽病一般在植株生长中后期危害较重，常导致茎叶枯死，瓜条病斑累累，造成较大损失。

1. 症状识别 苗期与成株期均可染病，该病最典型症状是病部呈红褐色或褐色近圆形凹斑，其上着生许多黑色小粒点，潮湿时病部产生粉红色黏稠状物。幼苗发病时，在子叶上出现半圆形或圆形病斑，茎基病部黑褐色缢缩，严重时造成瓜苗倒伏。成株期发病，在茎和叶柄上形成圆形病斑，初呈水渍状，淡黄色，后变成深褐色。叶片受害初期出现水渍状小斑点，后扩大成近圆形的病斑，红褐色，病斑边缘有明显的一圈黄晕，病斑多时，往往汇合成不规则的大斑块，后期病斑上出现许多小黑点，潮湿时长出粉红色黏质物，干燥时病斑中部易破裂形成穿孔。果实发病时，表面形成圆形淡绿色凹陷病斑，上着生黑色小点。

2. 发病条件　该病由瓜类炭疽菌侵染所致。在气温 24℃ 左右，相对湿度达 70% 以上时，本病极易流行。一般温暖多雨、相对湿度高、地势低洼、排水不良、连种地块、生长势弱的瓜秧易染此病。

3. 防治方法

（1）选用无病且包衣的种子，如未包衣则种子需用拌种剂或浸种剂灭菌。

（2）选择排水良好的温室大棚、高畦地膜栽培，避免在低洼、排水不良的地块种植。大雨过后及时清理沟系，防止湿气滞留，降低田间湿度，这是防病的重要措施。重病地应与非瓜类作物进行 3 年以上的轮作。采用测土配方施肥技术，施足基肥，增施磷、钾肥，加强田间管理，培育壮苗，增强植株抗病力，有利于减轻病害。中后期注意适度放风排湿，避免在阴雨天气整枝，及时防治害虫，减少植株伤口，减少病菌传播途径，发病时及时防治，并清除病叶、病株，带出田外烧毁，病穴施药或生石灰。

（3）播种前种子处理，用 55℃ 恒温水浸种 15min，或 50% 多菌灵可湿性粉剂 500 倍液浸种 60min，或 50% 代森锰锌可湿性粉剂 500 倍液浸种 10h，清水冲洗后播种。发病初期可选用 50% 甲基硫菌灵可湿性粉剂 700 倍液＋75% 百菌清可湿性粉剂 200 倍液、80% 炭疽福美可湿性粉剂 800 倍液、65% 代森锰锌可湿性粉剂 500～600 倍液、2% 抗霉菌素水剂 200 倍液、25% 咪鲜胺乳油 1 000 倍液、60% 苯醚甲环唑水分散粒剂 4 000 倍液、25% 溴菌腈可湿性粉剂 500 倍液进行喷雾处理，根据病情每隔 10d 喷药 1 次，连续防治 2～3 次。棚室可选用 45% 百菌清烟剂，每 667m² 每次 250g 进行熏烟处理，也可选用 5% 百菌清或克霉灵粉尘剂，每 667m² 每次 1kg 喷粉处理。

十、黄瓜菌核病

黄瓜菌核病是一种重要的土传病害，保护地或露地黄瓜均可发生，但以保护地黄瓜受害重，可引起烂瓜和死秧。

1. 症状识别　苗期与成株期均可发生，主要危害茎蔓和果实，茎基部或主侧枝分杈部最易染病。发病初期，先产生水渍状不规则形病斑，茎蔓斑浅褐色、稍凹陷，以后变软腐烂，在腐烂的果实或主茎中、下部或主侧枝分杈处表面长出棉絮状白色菌丝体，并形成黑色鼠粪状菌核。受害部位以上的茎蔓和叶片凋萎枯死，最后茎秆内髓部被病菌破坏腐烂而中空，也产生菌丝体和菌核。

2. 发病条件　该病由核盘菌引起。病菌喜好低温高湿环境。温度为 18～22℃，空气湿度 90% 以上及黄瓜体表有水膜存在，有利于该病流行。老菜田和连作田、多雨天气、棚内灌水过多、偏施或过量施用氮肥、植株枝叶徒长、通风透光不良，常致使菌核病加重发生。

3. 防治方法

（1）在有条件的地方最好与禾本科作物实行隔年轮作，或在保护地蔬菜拉秧后进行 1 次深耕，将菌核埋入土表下。

（2）蔬菜拉秧后，彻底消除病残体，集中销毁深埋，杜绝初次侵染来源。

（3）发病重的塑料大棚，在黄瓜定植前，每公顷施用 40% 五氯硝基苯可湿性粉剂 30kg，或每公顷施用 40% 五氯硝基苯可湿性粉剂 15kg＋50% 多菌灵可湿性粉剂 15kg，撒施均匀进行土壤消毒。

（4）发病初期，可选用 50% 异菌脲可湿性粉剂 1 000 倍液、50% 乙烯菌核利可湿性粉剂 800 倍液、25% 咪鲜胺乳油 2 000 倍液、50% 烟酰胺水分散粒剂 1 000 倍液、40% 菌核净可湿性粉剂 1 000 倍液或 50% 速克灵可湿性粉剂 500 倍液进行喷雾处理，每隔

7~10d 后喷 1 次。棚室也可用熏烟与喷粉处理，方法见黄瓜灰霉病。

十一、黄瓜蔓枯病

黄瓜蔓枯病俗称黑斑病、黑腐病，以南方多雨地区春、秋季大棚内发病率较高，夏秋季节露地栽培黄瓜发病较严重，病害流行时致使瓜秧茎蔓基部腐烂，瓜秧枯萎，植株成片死亡。

1. 症状识别 主要危害茎蔓、叶片和果实。茎部及叶柄上初生油渍状病斑，梭形或椭圆形，扩大后往往围绕茎蔓半周至一周，灰白色渐变暗褐色，稍凹陷，常溢出琥珀色胶质物，后期病茎干缩，纵裂呈乱麻状，严重时引致蔓烂。叶片多在叶缘产生半圆或 V 形病斑，浅褐色至黄褐色，后期病斑易破裂。

2. 发病条件 该病是由甜瓜球腔孢侵染所致的真菌病害。病菌喜温暖、高湿的环境条件。温度高于 22℃，相对湿度 85％以上有利该病发生。南方露地黄瓜夏秋季雨日多、雨量大、湿度高、天气闷热等气候条件下易流行。保护地栽培种植密度过大、光照不足、空气湿度过高、通风不及时发病重。瓜类蔬菜连作，平畦栽培，排水不良、缺肥及瓜秧长势衰弱会加重病情。

3. 防治方法

（1）与非瓜类作物实行 2~3 年轮作。

（2）从无病株上选留种。

（3）采用配方施肥技术，施足充分腐熟的有机肥。

（4）发病前可选用 80％代森锰锌可湿性粉剂 500 倍液、75％百菌清可湿性粉剂 500 倍液、50％福美双可湿性粉剂 700 倍液、80％代森锌可湿性粉剂 500 倍液进行预防。于发病初期选用 70％甲基硫菌灵可湿性粉剂 1 000 倍液、50％异菌脲可湿性粉剂 800 倍液、25％咪鲜胺乳油 1 000 倍液、10％苯醚甲环唑水分散粒剂 1 500倍液、20％氟硅唑微乳剂 2 000 倍液喷雾处理，一般 5~7d喷 1 次，连喷 2~3 次。

十二、黄瓜花叶病毒病

黄瓜花叶病毒病在全国各地均有发生，露地较保护地发病重，夏季高温年份个别发病严重地块减产损失明显。

1. 症状识别　全株系统发病。叶片发病后呈黄绿相间状的花叶，病叶小、皱缩、向上或向下扣卷，植株矮小。果实停止生长，表面也呈浓绿与浅绿相间的疣状斑块。

2. 发病条件　该病由黄瓜花叶病毒或甜瓜花叶病毒引起。发病最适温度为 20℃，气温高于 25℃表现隐症。黄瓜病毒病主要来源于病残枝叶，种子带毒，并且通过农事操作及蚜虫、烟粉虱等刺吸式口器害虫传播。管理水平低下、气候反常、高温干旱、病虫害发生严重适合病毒病的发生与流行。

3. 防治方法　温室或大棚覆盖防虫网，及时防治蚜虫等虫媒昆虫是减轻病毒病的重要方法。蚜虫、烟粉虱等防治见害虫部分。发病初期选用 20％吗胍·乙酸铜可湿性粉剂 300 倍液、20％盐酸吗啉胍可溶性粉剂 300 倍液、2％氨基寡糖素水剂 300 倍液、8％宁南霉素水剂 600 倍液、1.8％辛菌胺醋酸盐水剂 400 倍液等喷雾处理，隔 7～10d 喷 1 次，连喷 2～3 次，有一定的防治效果。

第二节　黄瓜主要非侵染性病害的识别及其防治

一、黄瓜花打顶

黄瓜花打顶多发生在寒冷季节，一经发生就会延缓黄瓜生育期，影响结瓜，造成不同程度的减产，导致经济损失。

1. 症状识别　瓜秧生长停滞，龙头紧聚，生长点附近在很短的时间内形成雌雄花密集的花簇，瓜秧顶端不长心叶，呈花抱头状态。

2. 发病条件　一是白天光照不足，温度低于 23℃，夜温低于 10℃，昼夜温差大，持续较长时间后导致根系活动减弱，光合产物少，营养生长受到抑制，生殖生长超过营养生长；二是土壤温度低，含水量高引起沤根；或施沟肥过多，土壤持水量小，引起烧根、枯根；或移栽、中耕等原因造成伤根，影响根系呼吸，使植株发育失去均衡。

3. 防治方法

（1）护根育苗。采取营养钵、营养土块育苗，或覆膜栽培，以保护根系不受损伤。如果不覆盖地膜，应在浇水后及时进行浅中耕，防土壤板结。

（2）增温保温。尽量满足黄瓜生长发育期所需的光照条件，一般白天应保持23℃以上，并适时进行二氧化碳叶面追肥，以促进光合作用的进行。夜间保持10℃以上，有利于有机物质的运输。若温度不足，需增温保温，未插架前，夜间可加盖小拱棚，白天不放风，尽量提高温度。

（3）土壤降湿增温。土壤高湿低温易引起沤根，所以苗期应尽量浇小水，以免土壤含水量过高。集中育苗的可用地热线加温，一般育苗的可覆膜提高地温。

（4）适时适量浇水。对土壤持水量在22%以下，施沟肥过多，引起烧根或枯根的，应及时进行浇水。直至土壤含水量恢复正常。浇后适时中耕，以免土温降低。

（5）摘掉顶花顶瓜。无论什么原因引起的花打顶，在采取治疗之前，必须先摘掉秧顶的小瓜条和聚生花，以利促进根系发育，引发新枝。

二、黄瓜化瓜

1. 症状识别 瓜纽或果实在膨大中途停止坐瓜，瓜尖至全瓜逐渐变黄，发生干瘪，最后干枯。

2. 发病条件 低温、连阴天、光照弱、密度过大、透光不良等影响光合作用和根系吸收能力，造成营养不良；白天温度高于32℃，夜温高于18℃，植株呼吸作用加快，生殖生长受抑制；低温下 CO_2 浓度降低，影响光合作用；氮肥供应过多，使黄瓜徒长；

植株下部瓜采收不及时，会大量吸收同化产物，而植株上部雌花养分供应不足；病虫害引起叶片坏死、变黄，影响光合作用，使黄瓜生长不良。

3. 防治方法

（1）选择化瓜率低的品种，在黄瓜生长期，及时叶面喷施0.3%磷酸二氢钾，以促进增产。

（2）控制保护地温度，白天一般 25～30℃，夜间 15℃ 左右，湿度控制在 65% 以下。减少由于夜温高、呼吸强度增大而造成的养分消耗。

（3）及时采收下部根瓜，以免与上部瓜争夺养分。

（4）合理密植，适当通风。连阴天或阴雾天也要正常揭放草苫或保温被，促进散射光的吸收值；在 11:00 左右棚内 CO_2 浓度最低时，可以利用 CO_2 气体施肥机进行施肥，以促进同化物质积累，同时加强水肥管理和病虫害防治。

三、黄瓜畸形瓜及苦味瓜

1. 症状识别　在棚室及露地栽培黄瓜的后期，常出现曲形瓜、尖嘴瓜、细腰瓜、大肚瓜等畸形瓜及苦味瓜。

2. 发病条件　曲形瓜有生理与物理原因。生理原因多因营养不良、植株瘦弱造成，如光照不足、高温或昼夜温差过大过小、病虫，特别是结瓜前期水分正常，结瓜后供应不足等原因易导致。架材限制及茎蔓遮阴等物理原因也可造成畸形瓜。尖嘴瓜、大肚瓜一般为早春传粉昆虫少，黄瓜不经授粉，结实后营养条件不良，水分不均而形成。有时高温持续时间长也易形成。细腰瓜一般在营养与水分时好时坏、同化物质积累不均时就会出现。此外，黄瓜染有黑星病，或缺硼，也会出现畸形瓜。苦味瓜是由于苦味素积累过多所致，如果某黄瓜品种苦味素的含量较高，而在定植前后水分控制过狠，果肉中苦味素浓度较高，因而吃时较苦。另外，氮肥多、温度低、光照不足、肥料缺乏、营养不良、以及植株衰弱多病等情况下，苦味素也易于形成和积累。

3. 防治方法 选用苦味较淡的品种；发现畸形瓜及时摘除。合理施用各种微量元素、勤灌水，避免生理干旱现象；避免低温、高温干旱及光照不足的不良影响，使营养生长和生殖生长、地上部和地下部生长平衡。采用配方施肥技术，氮、磷、钾按 5∶2∶6 比例施用，或喷洒 1%～2% 磷酸二氢钾，或喷洒喷施宝每毫升加水 11～12L。黄瓜初花期选用 0.04% 芸薹素内酯水剂 4 000 倍液喷雾处理，10d 后再喷 1 次。

四、黄瓜起霜果和裂果

1. 症状识别 起霜果是指在瓜皮上产生一层白粉状物质，果实没有光泽，如果将此果放入水中，霜状物仍不脱落，用手轻揉后粉状物才消失。黄瓜裂果的果实多呈纵向裂开，多数从瓜把开始裂。

2. 发病条件 黄瓜起霜果和裂果均为黄瓜生理性病害。在沙地或土层薄的土壤中长期栽植黄瓜，4 月以后易产生起霜果。此外，黄瓜温室栽培遇有天气不正常，或根系老化机能下降及夜间气温、地温高，或光照连续不足，黄瓜吸收消耗大时易发生。在长期低温干燥条件下，突然灌水、降雨、用水肥等，导致植株急剧吸收水分后较易发生黄瓜裂果。

3. 防治措施 防治裂果首先要从温湿度管理入手，防止高温和过分干燥条件出现，科学浇水；土壤水分要适宜、均匀，防止土壤过干或过湿，蹲苗后浇水要适时适量，严禁大水漫灌；施用有机肥，采用深耕，培养黄瓜根系发达；采用无霜砧木嫁接黄瓜，可以防止无霜果产生；黄瓜坐瓜后开始喷洒 10% 宝力丰瓜宝，每支对水 10～15kg，或惠满丰活性液肥，每 667m² 320mL，稀释成 500 倍液，隔 7～10d 喷 1 次，连续喷洒 2～3 次。

五、黄瓜不出苗或出苗不齐

1. 症状识别 表现为播种后长时间不出苗或出苗不整齐，幼苗大小不一。

2. 发病条件　一般情况下经催芽后发芽的黄瓜种子，在播种后3～4d苗可出齐。但由于土壤温度过低，种芽被冻死，或土壤化肥浓度过高，或有机肥未经腐熟，或土壤中水分不足，阻碍了种芽吸水，使幼嫩的种芽烂掉而不出苗。另外，播种后遇到长期的阴、冷、雨、雪天气，使床温偏低，土壤中水分过大，种子长期处于低温下的水泡状态而烂掉。播种床面不平整，覆土厚度不均匀，甚至种子裸露于露地表面，或覆土过厚，或床面土壤板结，或进行土壤消毒时所使用农药剂量过大等都会导致不出苗或出苗不齐现象的发生。

3. 防治方法　要达到一次全苗的目的，须在地温稳定在10℃以上播种。土温过低时，应使用加温设备提高苗床土壤温度。配制营养土时，要用完全腐熟的有机肥，肥料配比要适当。化肥用量不能太大，避免烧苗，灌水要均匀，地面要平整。覆土均匀，厚度保持在1cm左右，营养土要疏松细致，严格按育苗要求操作。若4～5d仍未出苗，应先仔细查看土壤是否缺水，种子是否完好，若种子胚根尖端仍为白色，说明还能出苗，可以加温，特别是提高地温，若土壤干燥，可适当洒20℃温水。如果胚根尖端发黄或腐烂，应重新播种。

六、黄瓜的生理萎蔫

1. 典型症状　采瓜初期至盛期，在晴天中午，植株突然出现急性萎蔫枯萎症状，到晚上又逐渐恢复，这样反复数天后，植株不能再复原而枯死。从外观上看不出异常，切开病茎，导管也无病变。

2. 发病条件　主要是瓜田低洼，雨后积水使黄瓜较长时间浸在水中或大水漫灌后土壤中含水量过高，造成根部窒息，或处在嫌气条件下，土壤中产生有毒物质，使根中毒。此外，嫁接黄瓜嫁接质量差或砧木与接穗的亲和性不高或不亲和均可发生此病。在北方露地栽培的秋瓜易发病。

3. 防治方法　选用高燥或排水良好、土壤肥沃的地块，雨后及时排水，严禁大水漫灌，及时中耕，保持土壤通透性良好。在晴天，湿度低，风大，蒸发量也大时要增加浇水量。此外，要注意选择性状优良适宜的砧木和接穗，保证嫁接苗的质量。

七、黄瓜焦边叶

1. 典型症状　黄瓜焦边叶主要出现在叶片上，尤其中部叶片居多。叶片的边缘呈现黄色后干枯黄化，围绕叶片一周，故称焦边叶。严重时引起叶缘干枯或卷曲。

2. 发病条件　在高温高湿条件下突然放风导致叶片失水过急过快，无土栽培基质的盐分含量过高造成盐害，喷洒药剂时浓度过高或药量过大聚集在叶片边缘造成化学伤害等都可以导致焦边叶。在温室中发生黄瓜焦边叶的主要原因是冬季地温过低。

3. 防治方法　温室放风时要适时适量，温室内外温差过大时不要突然放风，要尽量通顶风。基质无土栽培盐分含量过大时可适当用清水冲洗，但时间不要过长。要做到科学合理用药，浓度不要轻易加大，叶面湿润不滴即可，尽可能采用小孔径喷雾器，喷雾要均匀。

八、黄瓜缺素症

（一）缺钙

1. 典型症状　距黄瓜生长点附近的叶片边缘发黄，叶片四周上卷或下垂，呈降落伞状。

2. 发病条件　长时间连续低温，光照不足，之后急剧晴天，高温，土壤干燥，在多肥、多钾、多镁、多氮的情况下，土壤溶液浓度大，阻碍黄瓜根系对钙的吸收。

3. 防治方法　主要是加强管理，避免一次性大量施用钾、氮肥，适时灌溉，保证充足的水分，以利于根系对钙的吸收。如土壤缺钙，可叶面喷洒 0.3% $CaCl_2$ 水溶液，每隔 15d 喷 1 次，连续喷 2 次。

（二）缺镁

1. 典型症状 瓜条膨大并进入盛期时，下位叶片主脉附近的叶脉间褪绿，并向叶缘内扩大，如遇低温，植株出现绿环叶，即叶缘 5mm 左右是绿色，与叶脉间褪绿黄化或白化形成鲜明对比，叶片不卷缩。

2. 发病条件 土壤中氮、钙过多，影响对镁的吸收；磷肥施入过多，也会引起缺镁症。

3. 防治方法 均衡使用肥料，注意钾、钙等元素的含量平衡，避免一次性使用过量的钾、氮肥，出现缺镁症状，可叶面喷洒 0.2%硫酸镁溶液，每隔 15d 喷 1 次，连喷 2 次。

（三）气害

1. 典型症状 施肥过量时，肥料遇到棚室内高温，分解产生大量 NH_3，当 NH_3 的浓度超过 5mL/L 时，黄瓜就会受害，起初叶片像被开水烫过，干燥后变成褐色。

2. 发病条件 棚室加温时，由于煤的质量不佳、燃烧不完全或烟道不通畅，而产生大量的 CO 和 SO_2 气体。黄瓜受害后，一是同化机能降低，瓜品质变差，一般对产量影响不大；二是慢性中毒，气体从叶背气孔侵入，在气孔及其周围出现褐色斑点，表面黄化；三是急性中毒，产生白化症。

3. 防治方法 选择配方施肥方式，以施用优质有机肥为主，少施氮肥，不施饼肥和人粪尿，适当增加磷、钾肥。并坚持以底肥为主，追肥为辅，追肥以"少量多次"为原则。及时通风换气，在炉火加温时，要使其充分燃烧，并在炉火上安装烟囱，将有害气体导出棚室外。

第三节 黄瓜主要害虫的识别及其防治

一、瓜 绢 螟

瓜绢螟属鳞翅目螟蛾科害虫，国内大部分地区均有分布，其中长江以南地区发生量较大。以幼虫危害黄瓜等瓜类作物，低龄幼虫在叶背啃食叶肉，呈灰白斑。三龄后吐丝将叶或嫩梢缀合，居其中取食，使叶片穿孔或缺刻，严重时仅留叶脉。幼虫常蛀入瓜内，影响产量和质量。

1. 田间识别 成虫头、胸黑色，腹部白色，第一、七、八节黑色。前、后翅白色透明，略带紫色，前翅前缘和外缘、后翅外缘呈黑色宽带。幼虫共 4 龄，头部及前胸淡褐色，胸腹部草绿色，亚背线较粗、白色，这是瓜绢螟的主要标识。

2. 生活习性 广东年发生 5～6 代，广西、江西、上海、湖北等地年发生 4～5 代。7～9 月发生数量多，世代重叠，危害严重。成虫昼伏夜出，具弱趋光性，卵产于叶背或嫩尖上，散生或数粒在一起。初孵幼虫先在叶背或嫩尖取食叶肉，三龄后吐丝将叶片左右缀合，匿居其中进行危害。老熟幼虫在被害卷叶内、附近杂草或表土 3～5cm 处做白色薄茧化蛹。

3. 防治方法

（1）农业防治。瓜果采后将枯藤落叶收集沤埋或烧毁，可降低下一代或越冬虫口基数。提倡采用防虫网防治瓜绢螟。实行轮作制度，对种植瓜类、番茄、茄子、马铃薯的地块，应与小麦、玉米、花生、韭菜、芹菜等进行轮作，可压低虫源基数。及时翻耕土壤，适当灌水，增加土壤湿度，降低羽化率。

（2）物理防治。在成虫盛发期安装频振式杀虫灯诱杀成虫，降低田间落卵量。根据瓜绢螟的生活习性，在成虫产卵高峰期及时摘去子蔓、孙蔓的嫩叶及蔓顶。幼虫发生期，及时摘除有虫的卷叶。在化蛹高峰期及时摘去被害老叶片及基部老黄叶，集中处理，以减少田间的虫口基数。

（3）化学防治。选择 50g/L 虱螨脲乳油 1 200 倍液、200g/L 氯虫苯甲酰胺悬浮剂 5 000 倍液、10%溴氰虫酰胺可分散油悬浮剂 3 000 倍液进行喷雾处理。虫口密度大、危害重时，可每隔 7～10d 喷药 1 次，连续防治 2～3 次。一般应在傍晚或 8：00 左右喷药为宜。叶片的正、反面和茎蔓处均要喷到，做到均匀、周到、不漏喷。瓜果收获前 7d 应停止用药。

二、烟 粉 虱

烟粉虱别名棉粉虱、甘薯粉虱，属半翅目粉虱科，全国均有分布。烟粉虱除刺吸植物叶片，使受害叶片褪绿萎蔫或枯死外，还可分泌蜜露诱发煤污病，最重要的是可传播双生病毒引起植物病毒病。

1. 田间识别　成虫体淡黄白色到白色。两翅合拢时呈屋脊状，通常两翅中间可见到黄色的腹部。若虫共 4 龄，淡黄色至黄色。

2. 生活习性　在南方地区年发生 11～15 代，世代重叠现象严重。华南地区露地和棚室蔬菜烟粉虱周年发生，夏季种群数量达到高峰，危害程度最重。烟粉虱成虫可两性生殖，也可孤雌生殖。成虫中午高温活动活跃，早晨和晚上活动少，飞行范围较小，具有趋光性和趋嫩性。卵不规则散产于叶背面，叶正面少见，卵柄通过产卵器插入叶表裂缝中。成虫可在植株内或植株间进行短距离扩散，也可借风或气流进行长距离迁移，还可随现代交通工具进行远距离传播。烟粉虱适应较高温的环境，25～30℃是种群发育、存活和繁殖最适宜的温度条件。我国南方菜区和北方地区高温季节棚室蔬菜受害重。

3. 防治方法

（1）农业防治。防治烟粉虱的关键性措施是培育无虫苗，压低烟粉虱的初始种群数量。冬春季育苗房要与生产温室隔开，育苗前清除残株和杂草，必要时用烟剂杀灭残余成虫。夏秋季育苗房适时覆盖遮阳网和 40～60 目防虫网防止成虫迁入。

（2）物理防治。在棚室蔬菜种植前，彻底清洁田园，并于通风口、门窗加设 40～60 目防虫网，防止烟粉虱成虫迁入危害。棚室蔬菜田烟粉虱发生初期，每 667m² 悬挂 20 片黄色粘虫板（40cm×25cm），悬挂高度略高于植株顶部，并随着植株生长不断调整黄板高度，可起到监测虫情和防治的作用，还可兼治蚜虫、蓟马和潜叶蝇等同期发生的其他重要害虫。

（3）化学防治。在烟粉虱发生初期及时进行化学防治。灌根法：幼苗定植前可用 25％噻虫嗪水分散粒剂 4 000 倍液，每株用 30mL 灌根，可预防或者延缓烟粉虱的发生。喷雾法：在烟粉虱发生密度较低时（平均成虫密度 2～5 头/株）可选用 22.4％螺虫乙酯悬浮剂 2 000 倍液、50％噻虫胺水分散粒剂 7 500 倍液、10％溴氰虫酰胺可分散油悬浮剂 1 500 倍液，一般 10d 左右喷 1 次，连喷 2～3 次，将药液均匀地喷洒在叶片背面，选择早上或傍晚成虫很少活动时进行，并注意轮换用药。烟雾法：棚室内可选用敌敌畏烟剂每 667m² 250g，或 20％异丙威烟剂每 667m² 25g 等，在傍晚收工时将棚室密闭，把烟剂分成几份点燃烟熏杀灭成虫。

三、瓜　　蚜

瓜蚜属半翅目蚜科，全国均有分布。寄主主要有黄瓜、南瓜、冬瓜、西瓜、甜瓜及茄科、豆科、菊科、十字花科蔬菜。以成、若蚜群集在寄主植物的叶背、嫩尖、嫩茎处吸食汁液，分泌蜜露，使叶片卷缩，幼苗生长停滞，老叶被害后叶片干枯以致死亡，还能传播多种植物病毒病。

1. 田间识别　无翅胎生雌蚜夏季高温时色泽浅，多是黄色或绿色，在春秋温度比较低的情况下，多是深绿色或蓝黑色。体表被薄蜡粉。

2. 生活习性　华北地区年发生 10 余代，长江流域 20～30 代，具有较强的迁飞扩散能力。瓜蚜繁殖力强，每头雌蚜产若虫 60～70 头。瓜蚜的生长发育与温湿度有密切关系，瓜蚜繁殖的最适宜温度 16～20℃，干旱年份适于瓜蚜发生。雨水对瓜蚜的发生有一定影响，尤其是暴雨可直接冲刷蚜虫，迅速降低蚜虫密度。

3. 防治方法

（1）农业防治。冬春两季铲除田边和地头杂草，早春在越冬寄主上喷洒化学药剂，消灭越冬寄主上的蚜虫。实行间作套种，结合间苗、定苗、整枝打杈，将拔除的有虫苗、剪掉的虫枝带至田外，集中烧毁。

（2）物理防治。采用黄板诱杀，可兼治烟粉虱、斑潜蝇等。

（3）化学防治。可选择 25g/L 溴氰菊酯乳油 1 500 倍液、25g/L 高效氯氟氰菊酯乳油 3 000 倍液、20％氰戊菊酯乳油 1 500 倍液、10％吡虫啉可湿性粉剂 3 000 倍液、25％噻虫嗪水分散粒剂 4 000倍液、10％氯噻啉可湿性粉剂 3 000 倍液、10％溴氰虫酰胺可分散油悬浮剂 1 500 倍液进行喷雾处理。

四、黄足黄守瓜

黄足黄守瓜属鞘翅目叶甲科，我国大部分地区均有分布，其中长江流域以南地区危害最重。成虫早期取食瓜类幼苗和嫩茎，以后危害花、叶和果。幼虫主要啃食根茎，后期也可钻蛀地面瓜果，幼虫蛀食主根后瓜叶开始萎缩，进入茎基则瓜藤枯萎，整株坏死。可造成缺苗、烂瓜，影响产量和品质。

1. 田间识别　成虫长椭圆形，淡黄色，有光泽，仅中、后胸及腹部腹面为黑色。前胸背板长方形，中央有 1 条波形横凹沟，鞘翅上密布刻点。

2. 生活习性　华南年发生 3 代，台湾年发生 3～4 代。成虫飞翔力较强，有假死性和趋黄色习性，喜食瓜类的嫩叶和嫩茎。常咬断瓜苗嫩茎，还可取食瓜花、幼瓜及茎叶表皮。喜温喜湿，耐热怕寒，喜在湿润表土中产卵，湿度越高产卵越多，每在降雨之后即大量产卵，卵散产或成堆。幼虫孵化后，有负趋光性，很快就潜入土下 6～10cm 处活动，初孵幼虫危害细根，三龄以后危害主根，老熟幼虫在被害根际附近筑土室化蛹。

3. 防治方法

（1）农业防治。苗期合理安排作物栽植期，错开作物苗期与越冬成虫取食期。在早上露水未干时，将草木灰撒在瓜苗上，以驱避黄守瓜成虫。将春季的瓜苗与甘蓝、芹菜和莴苣等冬作物间作套种。春季幼苗出土后，用防虫网或塑料小拱棚对瓜类幼苗进行保护，四周用土块压紧，与地面尽量不要存在缝隙，然后在苗床周围撒播苋菜、落葵、蕹菜等早春蔬菜，既避免越冬成虫对幼苗的危害，也能有效阻止成虫产卵。越冬期彻底清除田园，填平土缝，清除杂草，破坏越冬场所。利用成虫在草堆中越冬的习性，在菜园附近堆积草堆，以吸引越冬成虫躲藏，并于成虫出蛰前将草堆烧毁。

（2）物理防治。利用成虫趋黄特性，于羽化盛期在离地面1～2m高度处放置粘虫黄板，用以捕捉成虫。

（3）化学防治。可选用25g/L溴氰菊酯乳油1 500倍液、15％哒螨灵微乳剂600倍液、10％溴氰虫酰胺可分散油悬浮剂2 000倍液、25％噻虫嗪水分散粒剂2 000倍液喷雾处理。

五、美洲斑潜蝇

美洲斑潜蝇属双翅目潜蝇科，我国大部分地区均有发生。幼虫取食叶片正面表皮下的栅栏组织，虫道初为针尖状，随着幼虫成熟，虫道逐渐均匀变宽，为白色不规则蛇形，后期有的形成铁锈色，虫道两侧留有交替排列的粪便，形成一黑色条纹。雌成虫取食和产卵时还刺伤作物叶片表皮，形成白色坏死产卵点和取食点。受害叶片叶绿素被破坏，影响光合作用。

1. 田间识别　成虫为小型蝇类，浅灰黑色。额和小盾片鲜黄至金黄色，前盾片与盾片亮黑色，外顶鬃着生于黑色区域，内顶鬃着生黑黄交界片。中胸背板黑色光亮。体腹面及足黄色。幼虫蛆状，初无色，后变为浅橙黄色至橙黄色。

2. 生活习性　湖北年发生12～15代，广东年发生14～17代，海南年发生21～24代，有明显的世代重叠现象。成虫具有较强的趋光性，有一定的飞翔能力。雌虫产卵于叶片表皮下，产卵痕圆形，较规则。幼虫在上、下表皮间蛀食叶肉，形成弯曲隧道。幼虫最适活动温度25～30℃，降雨和高湿均对蛹的发育不利，使虫口密度降低，故夏季发生较轻，春秋季为发生高峰期。

3. 防治方法

（1）农业防治。危害重的地区要考虑蔬菜布局，将嗜好的瓜类、茄果类、豆类蔬菜与苦瓜间作。发现受害叶片及时摘除。收获后及时清洁田园，把被害作物的残株败叶集中深埋、沤肥或烧毁。种植前深耕翻土。

（2）物理防治。成虫始盛期，在田间悬挂 30cm×40cm 黄板诱杀成虫，或用涂有粘虫胶的黄色自制诱虫器具进行诱杀。成虫盛发期可用 3% 红糖液或甘薯、胡萝卜汁煮液加 0.5% 敌百虫溶液制成毒糖液在田间点喷，诱杀成虫，并视虫情每隔 3～5d 点喷 1 次，连喷 2～3 次。

（3）生物防治。保护与利用天敌昆虫（如潜蝇茧蜂等）进行防治。早春尽量少用药，使田间天敌种群密度增加，提高秋季天敌的寄生率。可参考选用 0.5% 苦参碱水剂 667 倍液、1% 苦皮藤素水乳剂 850 倍液、1.3% 苦参碱水剂 1 500 倍液、0.7% 印楝素乳油 1 000 倍液等喷雾处理。

（4）化学防治。初见取食痕或孵化初期，可选 20% 灭蝇胺可溶性粉剂 1 000 倍液、1.8% 阿维菌素乳油 750 倍液、10% 溴氰虫酰胺可分散油悬浮剂 3 000 倍液喷雾处理，连续 2～3 次效果较好。

六、棕榈蓟马

棕榈蓟马也称节瓜蓟马、瓜蓟马、棕黄蓟马，属缨翅目蓟马科，全国各省份均有分布。不仅通过直接锉吸取食作物叶茎、花果、种荚等造成危害，还通过取食传播病毒病，造成重大经济损失。

1. 田间识别 雌成虫细长，淡黄色乃至橙黄色。头、胸或腹部无暗色区域，具少量粗黑身体刚毛。头近方形，复眼稍凸出，单眼 3 个，红色，三角形排列。四翅狭长，周缘具有长毛。前翅、足淡黄色。

2. 生活习性 广东年发生 20 代以上，广西年发生 17～18 代，长江流域的江西吉安年发生 15～16 代，华北地区的山东胶东保护地内年发生 11～13 代。世代重叠严重，夏、秋季繁殖一代需 10～11d，冬季繁殖一代需 50～60d。成虫有强烈的正趋光性和趋色性，嗜蓝色，具有两性繁殖和产雄孤雌生殖两种方式，以两性繁殖为主，若虫必须落土化蛹。干旱的环境条件下会加重棕榈蓟马对植株的受害程度，暴雨则可减轻危害，尤其夏季台风暴雨对棕榈蓟马种群的影响比较大。设施栽培的棕榈蓟马种群密度大于露地栽培。

3. 防治方法

（1）农业防治。合理轮作可以减轻危害。棚内和周围的前茬作物应种植非嗜食植物，如芹菜、茼蒿等。可进行葱蒜类与葫芦科作物轮作，葱蒜类与茄科作物轮作，有条件的最好进行水旱轮作。前茬寄主植物在收获时把茎、叶、秸秆连同大棚周围杂草一起清理干净，进行粉碎沤肥或深埋。棚内土壤深翻 25～30cm，把表土层翻到下面，并每 667m² 撒施生石灰 75～100kg。避免棕榈蓟马传入棚内，降低棚内虫源，控制冬季大棚蔬菜上的发生危害。育苗时首先要选择虫源少的地块，其次是选用净土和净肥。育苗期间苗床要用塑料薄膜隔离，阻挡外来蓟马进入苗床。适时栽培，避开高峰期。清除田间杂草，加强水肥管理，使植株生长健壮，可减轻危害。采用银灰色地膜覆盖栽培技术，尽量避免与其他寄主作物相邻种植，也可减轻危害。灌溉时可浇适量水于畦面上，以不利于若虫入土化蛹。用沼气液稀释 10～50 倍喷施叶面对该虫也有一定的抑制作用。采用喷灌技术，也可减少棕榈蓟马的发生和危害。

（2）物理防治。利用棕榈蓟马趋蓝色的习性，在作物种植行间悬挂蓝色诱集带或诱集板诱集成虫。时间越早越好，最好从苗期移栽开始就挂，既可预测也可早期控制。根据棕榈蓟马对温度差反应敏感的特性，冬季在蔬菜定植前 15～20d，将大棚覆膜，密封 8～10d 后，当土壤中蓟马基本羽化出土时，夜间将棚膜上方掀开进行通风降温，使其致死。也可用高温闷棚的方法，即在春末初夏（4～5 月）13:00～14:00 时，温度 45℃保持 1～2h，相对湿度提高至 90%以上，控制棕榈蓟马有较好的效果。

（3）化学防治。幼苗移栽前对土壤用辛硫磷进行处理，按每 667m² 用 5%辛硫磷颗粒剂 1.5kg 拌细土 50kg 制成毒土均匀施入土壤中，结合栽苗实施地膜覆盖，可防治土壤中越冬成虫并兼治其他地下害虫。在苗期和初花期，用 50%辛硫磷乳油与细土按 1:125～150 的比例或将 25%杀虫双水剂 500mL 配制 20kg 毒土，均匀撒于根际周围土表，对于落地若虫的防治效果也较好。

幼苗定植后可用内吸杀虫剂 25％噻虫嗪水分散粒剂 6 000～8 000倍液，每株用 30mL 灌根，对棕榈蓟马具良好预防和控制作用。也可选择使用 2.5％多杀霉素水乳剂 600 倍液、60g/L 乙基多杀霉素悬浮剂 3 000 倍液、20％呋虫胺可溶粒剂 1 500 倍液、10％吡虫啉可湿性粉剂 1 500 倍液、240g/L 虫螨腈悬浮剂 2 000 倍液、25％噻虫嗪水分散粒剂 4 000 倍液、10％溴氰虫酰胺可分散油悬浮剂 2 500 倍液等喷雾处理，根据植株大小来定，各种药剂轮换使用，每隔 5～7d 喷 1 次，连续喷 3～4 次。当虫口密度大时，可将两种不同类型的药剂混用，如 2.5％氯氟氰菊酯乳油 2 500 倍液加 20％吡虫啉可溶液剂 3 000 倍液、2.5％联苯菊酯乳油 2 000 倍液加 3％啶虫脒乳油 2 500 倍液等轮换使用。喷药时要注意将全株喷雾均匀，特别是叶片背面、幼嫩部位和果实都要喷到。在大棚内发生数量较大时，可选用敌敌畏烟剂每 667m² 250g，或 20％异丙威烟剂每 667m² 250g 等，在傍晚收工时将棚室密闭，将烟剂分成几份点燃熏烟。

七、瓜 实 蝇

瓜实蝇也称黄瓜实蝇、瓜小实蝇、瓜大实蝇、瓜蛆等，属双翅目实蝇科，主要分布于长江流域以南，并成局部蔓延趋势。以幼虫在瓜果内蛀食。受害的瓜果先局部变黄，轻则变成畸形，刺伤处下陷凝结有流胶，果皮硬实，味道苦涩；重则导致细菌和真菌病害的发生，使整个瓜果腐烂发臭，造成大量落果。被害的瓜果产量下降，果实品质差，不能食用，失去经济价值。

1. 田间识别 成虫体黄褐色。前胸左右及中、后胸有黄色的纵带纹。翅膜质透明，杂有暗黑色斑纹。腹背第四节以后有黑色的纵带纹。幼虫蛆状，乳白色。

2. 生活习性 广州年发生 8 代，世代重叠，以 5～6 月危害较严重。成虫飞翔力强，对糖酒醋液有一定的趋向性。成虫产卵时将产卵管刺入瓜内，卵成堆或成排产在果肉中，少数散产在瓜表面上。产卵孔常流出透明的胶质物，封闭产卵孔。当幼虫老熟时，弹离寄主植物，落地钻入表土层化蛹，7～10d 羽化出成虫。

3. 防治方法

（1）农业防治。保护幼瓜，用塑料袋套装，防止瓜实蝇成虫产卵。及时摘除被害果实，集中深埋处理。

（2）物理防治。利用专业的诱黏剂来诱杀瓜实蝇成虫，使用时把诱黏剂喷到和果实一样大的空矿泉水瓶壁上，把瓶挂于蔬园外围阴凉通风处，略低于作物即可，每 667m² 园地约 4 个。利用害虫的趋黄性和香料发出的香味诱引，达到雌雄齐杀。

（3）化学防治。可选择 80％敌百虫可溶液剂 1 000 倍液、50g/L溴氰菊酯乳油 2 000 倍液、40％辛硫磷乳油 600 倍液等喷雾处理。防治时应以雌花开放 4～5d 开始喷药 1 次，以后 7～10d 喷1 次，连喷 2～3 次，后期喷药时重点喷在瓜体上，喷药量以开始滴水为宜。药剂内加入少量糖液，效果更好。

八、朱砂叶螨

朱砂叶螨也称棉红蜘蛛、棉红叶螨、红叶螨，属蛛形纲蜱螨目叶螨科，全国均有发生，以成螨和幼、若螨在叶背刺吸叶片汁液并吐丝结网，叶片被害初期呈现许多细小白点，种群数量高时易导致整个叶片、叶柄、茎等均被蜘蛛网所覆盖，最后导致失绿枯死或者全株叶片凋零脱落。

1. 田间识别 成螨体色差异很大，有浓绿色、黑褐色、黄色等，一般多为红色或锈红色。体背和足具长毛，足 4 对。雌螨椭圆形，体躯两侧有两块黑褐色长斑，从头胸部延伸到腹部末端，有时分成前后两块，前一块略大。

2. 生活习性 从北到南年发生 10～20 余代。长江流域多以雌成螨和卵越冬。翌春气温达 10℃以上时便开始活动取食，交配繁殖。4 月中下旬陆续转移到茄子、辣椒、瓜类等蔬菜上危害，初发生时呈点片状，再向四周扩散，6～8 月为全年危害盛期。卵散产，多产于叶背。朱砂叶螨整个生长发育有 5 个阶段，即卵、幼螨、第一若螨（前期若螨）、第二若螨（后期若螨）和成螨。成、若螨靠爬行、吐丝下垂在株间蔓延，先危害老叶，再向上部叶片扩散；也可通过农事作业由人、工具等传播，在高温季节还可借风力扩散蔓延。朱砂叶螨喜高温低湿的环境，生长发育最适温度 29～31℃、相对湿度 35%～55%，高温干旱发生危害重，降水量大对叶螨种群具有很强的抑制作用。棚室栽培由于温度较高，小环境比较稳定，叶螨发生较早；地势越高、越干燥的田块，对叶螨的发生越有利。凡是靠近道路、沟渠、房屋或灌木丛的蔬菜地，朱砂叶螨发生早，危害大。

3. 防治方法

（1）农业防治。在早春、秋末结合积肥，清洁田园及棚室周边杂草。蔬菜作物收获后，及时清除残株败叶，可以消灭部分虫源。天气干旱时，适量灌溉，增加田间湿度，并进行氮、磷、钾肥的配合追施，促进植株健壮。棚室夏季休耕时深翻晒土可明显减轻叶螨危害。将苗房和生产田分开，田间定植无螨壮苗，可明显减轻生产田叶螨的发生危害。

（2）化学防治。加强虫情调查，在叶螨初发生时对点片发生区及时进行挑治。有螨株率达到 5% 以上时，应立即进行普遍除治。药剂可选用 240g/L 虫螨腈悬浮剂 2 000 倍液、73% 克螨特乳油 1 200 倍液、5% 尼索朗乳油 2 000 倍液、20% 复方浏阳霉素乳油 1 000～1 200 倍液、1.8% 阿维菌素乳油 1 000 倍液、25% 灭螨猛可湿性粉剂 1 000～1 500 倍液喷雾处理，喷雾时对叶片的正、反面进行均匀喷施。

九、侧多食跗线螨

侧多食跗线螨俗称茶黄螨，属蛛形纲蜱螨目跗线螨科，全国均有分布，以成、若螨刺吸幼芽、嫩叶、幼果汁液，受害植株嫩叶皱缩、嫩茎、嫩枝等畸形，果皮开裂，不堪食用。

1. 田间识别 雌成螨宽椭圆形，腹部末端平截；淡黄色至橙黄色，成熟时深褐色，半透明状；足细弱，第四对足的末端有鞭状端毛和亚端毛。

2. 生活习性 年发生25～31代，世代重叠。棚室蔬菜于5月上中旬可见到明显的被害状，一般7～9月中旬为盛发期。露地蔬菜于6～7月开始发生，7～8月种群增殖速度快，8月是危害高峰期。成、幼螨趋嫩绿性强，有"嫩叶螨"之称，当取食部位组织老化时，雄成螨立即携带雌若螨向新的幼嫩部位转移，后者在雄成螨体上蜕1次皮变为成螨后，即与雄成螨交配，并在幼嫩叶上定居下来，产卵繁殖危害。雄成螨活跃，常携雌螨频繁爬行。主要在叶背活动取食，偶尔在叶面、叶柄和梢上活动。在田间有点片发生阶段。侧多食跗线螨喜温暖多湿的环境，温度25～30℃、相对湿度80%～90%有利于其生长发育、存活和繁殖。夏季雨日多，雨量适中，气温降低，有利于该螨的繁殖；大雨对其有冲刷抑制作用。

3. 防治方法 棚室蔬菜定植缓苗后要经常密切监测，药剂防治中应做到发现一株及时挑治一片，施药时需要注意喷药重点在植株上部嫩叶背面、嫩茎、花器和幼果处，且要细致均匀。有条件的可人工繁殖黄瓜新小绥螨，并向田间释放该螨可有效控制侧多食跗线螨的危害。大棚内可选用20%敌敌畏缓释剂进行熏蒸，使用量为每立方米7～10g。也可用73%克螨特乳油1 200倍液、5%尼索朗乳油2 000倍液、20%复方浏阳霉素乳油1 000～1 200倍液、1.8%阿维菌素乳油1 000倍液、25%灭螨猛可湿性粉剂1 000～1 500倍液喷雾处理，重点喷洒嫩叶背面、嫩茎和幼果。

第 九 章 <<<

黄瓜的采收、储运及加工

　　随着我国居民收入水平的提高，人们对蔬菜消费已从数量型逐步转向质量型，对蔬菜新鲜、卫生、营养、健康要求提高。因此对于黄瓜从农田到餐桌的过程，有了更高的要求，黄瓜的采收、储藏、运输、保鲜、深加工也越来越得到生产者的重视。每一个环节对于提高黄瓜销售终端的品质都至关重要，对于消费者的采购热情更是息息相关。

第一节　黄瓜的采收

　　储藏运输要选择耐储运的品种，一般要求品种表皮较厚、果肉丰满，固形物质丰富，商品性状好。因此储运用的黄瓜最好是采收植株中部生长的瓜，俗称"腰瓜"，选择直条、充实的中等成熟绿色瓜条供储藏用，要求瓜身碧绿、顶芽带刺、种子未膨大。采收时期应做到适时早收，需要储运时间长的商品瓜应在清晨采收，以确保瓜的质量。

一、品种选择

　　要选择耐储性强的品种，这是延长其储藏期的重要条件。如津研系列黄瓜，一般表皮较厚，果肉丰满，固形物质充实，较耐储藏，但津研黄瓜各品种之间的耐储性也不尽相同。北京小刺瓜较细小，皮薄，表皮刺多，易损伤，储藏条件稍有不适果肉变成粉红色，瓜味变苦。在选择品种时，除了考虑品种的耐储性外，还应兼顾黄瓜品种的质量，特别要重视黄瓜的芳香味和维生素含量。一般选择表皮较厚、瓜条颜色深绿的抗病黄瓜品种，如津春5号、津春

4 号较耐储藏。

二、黄瓜采摘标准

储藏用的黄瓜，要适时采收，过嫩或过老均不耐储藏，合适的采摘标准是头不大、瘤刺无白点或无白线的直条瓜。

三、黄瓜采摘时间

果实的采摘是储藏黄瓜重要的一环，在采摘前 1～2d 浇 1 次水，使瓜充分吸水生长充实，不致经储藏而失水。采摘黄瓜要在早晨露水未落、温度较低时进行，切忌在烈日下气温较高时采收。

四、黄瓜采摘方法

储藏的黄瓜，要求顶花带刺，颜色碧绿。应采摘植株中部的腰瓜用于储藏，一般腰瓜多为直条瓜，较壮实耐储藏。切勿采收近地面的瓜，因近地面常带有病菌，易感病腐烂。也不宜采收瓜秧顶部的瓜，顶部的瓜多畸形，大小不均，内含物少，不耐储藏。采摘时宜带 2～3cm 的瓜蒂，并注意采摘时要轻拿轻放，避免瓜皮、刺瘤损伤。运输过程中也要轻拿轻放，避免过度颠簸、震动或挤压，以免造成难以发觉的内伤，因这种内伤在储藏过程中极易导致腐烂染病。为了防止运输途中的机械损伤，最好用筐装瓜，并在筐内衬垫软纸，冬季从温室采收的黄瓜，要注意保温运输。

第二节　黄瓜的储藏保鲜技术

一、黄瓜的储藏特性

黄瓜食用的是幼嫩果实，含水量高，收获后组织易脱水变糠，特别是受精胚可在采后的嫩果内继续发育成长，而从果肉组织中吸取水分和养分，以致瓜条变形，果梗一端组织萎缩变糠，花蒂一端则因种子发育而变粗，整个瓜形成棒槌状，并且绿色减褪，酸度增高，品质明显下降。黄瓜脆嫩，易受机械伤害，特别是刺瓜类型，瓜刺易被碰脱造成伤口流出汁液，从而感染病菌腐烂。

二、黄瓜的储藏工艺

黄瓜采收后，需对果实进行严格挑选，去除有机械伤痕、病斑等不合格的瓜，将合格的黄瓜整齐地放在消毒过的干燥筐（箱）中，装筐容量不要超过总容量的 3/4，如果储藏带刺多的瓜要用软纸包好放在筐中，以免瓜刺相互扎伤，感病腐烂。为了防止黄瓜脱水，储藏时可采用聚乙烯薄膜袋扎口作为内包装，袋内放入占瓜重约 1/30 的乙烯吸收剂，或在堆码好的包装箱底与四壁用塑料薄膜铺盖。

三、黄瓜储藏运输的控制条件

1. 温度　黄瓜的适宜储藏温度很窄，最适温度 $10\sim13℃$，$10℃$ 下会受冷害，$15℃$ 以上种子长大、变黄及腐烂明显加快，有机械制冷设备的冷库是较理想的场所。

2. 湿度　黄瓜很易失水变软萎蔫，要求相对湿度保持在 95% 左右，可采用加塑料薄膜包装，防止失水。

3. 气体　黄瓜对乙烯极为敏感，储藏和运输时须注意避免与容易产生乙烯的果蔬（如番茄、香蕉等）混放，储藏中用乙烯吸收剂脱除乙烯对延缓黄瓜有明显效果。黄瓜可用气调储藏，适宜的气体组成是 O_2 和 CO_2 均为 $2\%\sim5\%$。

四、黄瓜储藏中注意的几个问题

（1）黄瓜的采收标准、采收时间与储藏后的商品性有很大关系，因此储藏用瓜的标准须严格要求。

（2）要定期检查，发现腐烂变质瓜应及时拣出，以防侵染好瓜。

（3）调控好适宜的温湿度。

（4）家庭缸藏或沙藏应严防鼠害。

五、常见的黄瓜储藏保鲜方法

1. 涂料处理法 将黄瓜专用涂料剂涂于表面，待涂料剂干燥后形成一层薄膜。该薄膜能在一定程度上阻碍果实的气体交换和水分蒸发，提高储藏效果。

2. 速冻黄瓜低温保鲜法 速冻是一种快速冻结的低温保鲜法，就是将经过处理的黄瓜原料，采用快速冷冻的方法，使之冻结，然后在－20～－18℃的低温下保存待用。速冻保藏，是当前果蔬加工保藏技术中能最大限度地保存果蔬原有风味和营养成分较理想的方法。

（1）选料。加工速冻黄瓜的原料要充分成熟，色、香、味能充分显现，质地坚脆，无病虫害、无霉烂、无老化枯黄、无机械损伤。最好能做到当日采收，及时加工，以保证产品质量。

（2）预冷。刚采收的黄瓜，一般都带有大气热及释放的呼吸热。为确保快速冷冻，必须在速冻前进行预冷。其方法有空气冷却和冷水冷却，前者可用鼓风机吹风冷却，后者直接用冷水浸泡或喷淋使其降温。

（3）清洗。采收的黄瓜一般表面都附有灰尘、泥沙及污物，为保证产品符合食品卫生标准，冻结前必须对其进行清洗。洗涤除了手工清洗，还可采用洗涤机（如转筒状、振动网带洗涤机）或高压喷水冲洗。

（4）切分。速冻黄瓜需要去除瓜把，并将之切分成大体一致的瓜块或瓜段，以便包装和冷冻。切分可用手工或机械进行，一般可切分成块或段等形状。要求长短一致，规格统一。

（5）沥水。切分后的黄瓜，其表面常附有一定水分，如不除掉，在冻结时很容易形成块状，既不利于快速冷冻，又不利于冻后包装，所以在速冻前必须沥干。沥干的方法很多，可将黄瓜装入竹筐内放在架子上或单摆平放，让其自然晾干；有条件的可用离心甩干机或振动筛沥干。

（6）快速冷冻。沥干后的黄瓜装盘或装筐后，需要快速冻结，在最短时间内，使瓜体迅速通过冰晶形成阶段才能保证速冻质量，只有冻结迅速，瓜体中的水方能形成细小的晶体，而不致损伤细胞组织。一般将切分沥水处理后的黄瓜原料，及时放入$-35\sim-25℃$的低温下迅速冻结，而后再行包装和储藏。

（7）包装。包装是储藏好速冻黄瓜的重要条件，其作用：①防止黄瓜因表面水分的蒸发而形成干燥状态；②防止产品储藏中因接触空气而氧化变色；③防止大气污染（尘、渣等），保持产品卫生；④便于运输、销售和食用。包装容器很多，通常为马口铁罐、纸板盒、玻璃纸、塑料薄膜袋和大型桶等。装料后要密封，以真空密封包装最为理想。包装规格可根据供应对象而定，零售一般每袋装0.5kg或1kg，宾馆酒店用的可装$5\sim10$kg。包装后如不能及时外销，需放入$-18℃$的冷库储藏，经过速冻处理的黄瓜一般可储藏1年以上。

3. 保鲜纸箱　这是由日本食品流通系统协会近年来研制的一种新式纸箱。研究人员用一种"里斯托瓦尔石"（硅酸盐的一种）作为纸浆的添加剂。因这种石粉对各种气体独具良好的吸附作用，而且所保鲜的蔬果分量不会减轻，对进行远距离储运有良好作用。

4. 微波保鲜　这是由荷兰一家公司对水果、蔬菜和鱼肉类食品进行低温消毒的保鲜办法。它是采用微波在很短的时间（120s）将其加热到72℃，然后将这种经处理后的食品在$0\sim4℃$环境条件下上市，可储存$42\sim45$d，不会变质，十分适宜淡季供应"时令菜果"，备受人们青睐。

5. 可食用的蔬果保鲜剂　这是由英国一家食品协会所研制成的可食用的蔬果保鲜剂。它是采用蔗糖、淀粉、脂肪酸和聚酯物配制成的一种"半透明乳液"，既可喷雾，又可涂刷，还可浸渍覆盖于西瓜、番茄、甜椒、茄子、黄瓜、苹果、香蕉等表面，其保鲜期可长达200d以上。这是由于这种保鲜剂在蔬果表面形成一层"密封薄膜"，完全阻止了氧气进入蔬果内部，从而达到延长蔬果熟化过程，增强保鲜效果的目的。

6. 新型薄膜保鲜　这是日本研制开发出的一种一次性消费的

吸湿保鲜塑料包装膜，它是由两片具有较强透水性的半透明尼龙膜组成，并在膜之间装有天然糊料和渗透压高的砂糖糖浆，能缓慢地吸收从蔬菜、肉类表面渗出的水分，达到保鲜作用。

六、黄瓜在储藏和运输中的病害防治

黄瓜采后病害主要为炭疽病。防治方法：储藏的果实必须严格挑选，带病的果实不能入窖；储藏前可用超微多菌灵可湿性粉剂 1 000～1 200 倍液，喷雾或浸沾；在储藏期间，将温度控制在 10～15℃，以抑制炭疽病菌的蔓延与危害。

此外，黄瓜在储运中，还会遭到灰霉菌、腐霉菌、疫霉菌的感染，从而引起瓜果腐烂。在采摘前，用 1：0.7：200 的波尔多液或 0.1％多菌灵喷雾处理，有一定的防治效果。

第三节　黄瓜的加工

黄瓜是我国普遍栽培的一种蔬菜，一般在夏秋季节大量上市，此时上市量大，价格较低，如果能进行深加工，可提高几倍的经济效益。黄瓜经过加工，可常年储存和应市，为满足不同季节不同口味的需要，下面介绍几种黄瓜副食品的加工方法。

（一）糖醋黄瓜

1. 黄瓜选择　选择幼嫩短小、肉质坚实的黄瓜，充分洗涤，勿擦伤其外皮。

2. 食盐水发酵　先用 8 波美度食盐水等量浸泡于泡菜坛内。第二天按照坛内黄瓜和盐水的总重量加入 4％的食盐，第三天再加入 3％的食盐，第四天起每天加入 1％的食盐。逐天加盐直至盐水浓度能保持在 15 波美度为止。任其进行自然发酵两周，至黄瓜肉质半透明为止。

3. 热水浸泡　发酵完毕后，取出黄瓜。先将沸水冷却到 80℃，用以浸泡黄瓜，其用量与黄瓜的重量相等。维持 65～70℃约 15min，使黄瓜内部绝大部分食盐脱去，取出再用冷水浸漂 30min，沥干待用。

4. 糖醋香液的配制　100g 黄瓜用 60g 食醋、50g 糖、27g 水，食醋与水混合加热，将包有丁香、豆粉、生姜、桂皮、白胡椒粉的香粉包放入食醋中加热至 80～82℃，维持 1h，然后将香料袋取出，趁热加入蔗糖，使其充分溶解，即成糖醋香液。也可用冰醋酸配制成 2.55%～3%醋酸溶液 2 000mL，加入蔗糖 400～500g 来配制糖醋液。

5. 糖醋香液浸泡　将黄瓜放在糖醋香液中浸泡 15d，即成酸甜适度的糖醋黄瓜。

6. 加热装罐　如果进行罐藏，可将糖醋香液与黄瓜同置于不锈钢锅内加盖加热至 80～82℃，维持 3min，并趁热装缸。然后加注糖醋香液装满，加盖密封。

（二）香辣黄瓜

1. 配料　黄瓜 50g，白砂糖 50g，辣椒粉 0.4g，姜粉 0.4g，蒜泥 1.5g，鲜芹菜（切碎）0.4g，丁香粉 0.05g，白矾粉 0.1g，肉桂粉 0.05g，安息香酸钠 0.08g。

2. 操作要点

①取长 8cm 左右，直径为 2.5cm 左右的青嫩黄瓜为料。

②将选择好的黄瓜洗净，整个黄瓜用针刺法穿透瓜身，使之易于脱水和吸入糖液，穿刺完毕后投入含 0.1%亚硫酸钾及 0.1%氯化钙的溶液中，经 9h 后移出滤干水分备用。

③将白砂糖与其他配料充分混匀后加黄瓜入坛，一层黄瓜一层白砂糖混合料边装边压实，直至装满坛为止，密封坛口。最初 7d 内每天将坛摇动 2 次，然后浸渍 1 个月。

④浸渍期满后开坛，移出黄瓜，滤去糖液后放在太阳下晾晒 1d 左右，待表面水分晒干后分切成 2cm 长的小段，再晒至半干，装瓶待食。

（三）甜辣黄瓜

1. 原料配方　咸黄瓜 100g（100g 鲜黄瓜加盐 2g 腌渍），甜面酱 60g，白砂糖 25g，芝麻 2g，辣椒粉 1.5g。

2. 制作方法　将咸黄瓜放入清水中浸泡 12h 后，捞出切成滚

刀块，约 5cm×3cm。控干后装入布袋，入缸酱渍 7d，每天打耙 2
次。酱透后捞出，在日光下晾晒 2d，约失水 50% 后与辅料拌在一
起，搅拌均匀后入缸发酵 3d 即为成品。

3. 质量标准 色棕褐，有光泽，甜辣柔脆，具有浓厚的酱
香气。

（四）脆辣黄瓜

1. 主料 黄瓜 500g，洗净，切成 3cm 长的小段，去籽，装
盘，用盐腌 10min，滤干备用。

2. 调料 酱油 10g，花生油 10g，盐 3g，白砂糖 5g，辣椒
（红、尖、干）5g，味精 2g。

3. 制作 干辣椒放热油锅中煸一下，乘热倒入黄瓜中，再加
入酱油、白砂糖、味精拌匀即可。

4. 特色 脆辣爽口。

（五）麻辣黄瓜

1. 材料 黄瓜、尖椒、红辣椒、蒜、白砂糖、醋、味精、花
椒粉、鸡精（均适量）。

2. 做法

①黄瓜切片（不要切断，整根黄瓜要连在一起），然后在黄瓜
表面撒满盐，放到盘里腌制一段时间；尖椒切丝，红辣椒切碎，蒜
切碎。

②把切碎的蒜放在碗里，然后放入白砂糖（可多放些）、醋、
味精、鸡精、花椒粉，搅拌一下。

③用手挤干腌制过的黄瓜中的盐水。

④把切好的尖椒、红辣椒放入油（最好多些）中炸一下，然后
倒入调料碗内，搅拌均匀。

⑤最后把调料倒入黄瓜中（最好可以浸透黄瓜），过一会就可
（时间长些味道会更好）。

⑥可根据个人口味，添加其他适量调料。

（六）酸辣黄瓜

1. 原料配方 主料：鲜黄瓜 500g。配料：大蒜 25g，红辣椒

50g，白酒 25g，精盐 25g，胡椒粉 2.5g，芫荽 25g。

2. 加工方法　将鲜黄瓜洗净沥干水分备用。将大蒜、红辣椒、芫荽切碎，剁至米粒大小，加入白酒、胡椒粉及盐搅拌均匀。用一大泡菜坛子，放一层黄瓜即均匀地撒上一层配料，一层层放好压实，上层最后撒一层配料，而后盖住坛口腌制 3d 左右。而后打开坛口倒入冷开水淹没黄瓜盖上坛口，待卤水泛起白花时即可取出待食。

3. 加工要点　坛口加盖后要用水或其他净物密封；制作过程不得受到污染。

4. 特点　瓜味酸辣，香脆可口。

(七)酱黄瓜

腌坯：黄瓜含水量高，腌制时要多次加盐，多次换缸。初腌时，黄瓜 100g 用盐 15~18g，碱面 0.08g 以保绿，每天倒缸 1 次，2~3d 后，换空缸，加盐 20~25g 复腌。复腌期间同样每天倒缸 1 次，10~15d 后即可腌成，加盖面盐后储存备用。

酱渍：将腌好的黄瓜放入缸内，用清水浸泡脱盐，每天换水 1 次。冬天浸泡 3d，夏季浸泡 2d，脱盐后沥干水分备用。酱可用甜面酱、豆酱或酱油。初酱可用二道酱，即已经使用过一次的酱，每 100g 腌黄瓜用二道酱 100g，每天早晚搅翻两次，2~3d 后进行复酱。复酱前用清水将黏附在瓜条上的二道酱冲洗干净。复酱用新酱，每 100g 黄瓜需甜面酱 55~70g，豆酱 20g，复酱期间，每天搅翻 3~4 次，一般冬季约 20d，夏季 10d 即好酱成。

在酱中加入香料、料酒等制成五香酱黄瓜，加入辣椒酱制成辣酱黄瓜。

(八)清香黄瓜

将腌黄瓜放入缸内灌水，冬季换水 2 次，夏季换水 1 次，换水时轻捞轻放，以免折断。换水后沥干水分入缸，按每 100g 酱油 50g，卤 2~3d，出缸后沥干，重新放入腌缸内加入三级酱油 50g，浸 15d 即成。

(九)虾油小黄瓜

工艺流程：选黄瓜→盐腌→倒缸→脱盐→灌虾油→倒缸→

成品。

（1）缸藏时，要使总盐分达 18%～20%，菜卤要高出菜面 10～14cm，低温避光，经常检查，保证菜卤清晰。

（2）瓶装酱菜，可用高温灭菌。

（3）采用无菌真空包装法，用于复合塑料、铝箔包装酱菜。

（4）适量添加防腐剂，香料、糖、酱、酒、辣料等都能起到防腐作用。

（十）黄瓜果脯的加工技术

1. 选料 选幼嫩、横径为 3.5cm 以上的青色黄瓜为原料，可加工成风格独特的蜜饯黄瓜。

2. 去瓤 黄瓜洗净后横切成长 4cm 的短段，用口径 1.5～2cm 的圆形通心器捅去瓜心，再把瓜段周围纵划若干条纹，其深度为果肉的 1/2，制成坯。

3. 浸瓜 将坯投入饱和澄清石灰水中浸泡 6～8h，再移入含明矾 2% 和含微量叶绿素铜钠盐的溶液中浸渍 4h，取出沥干。

4. 糖渍 配制 45%～50% 的糖液 50g，煮沸后放入瓜段 50～60g，浸渍 24h，捞出，并向糖液中加入适量白砂糖，使浓度为 45%～50%，再次煮沸后加入瓜段，浸渍 24h。如此反复几次，使糖液浓度达到 65%～70%，最后浸渍 2d，并在糖液中加入 0.040g 苯甲酸钠溶液，以利产品长期保存。

5. 烘干 将黄瓜段压成扁块状，送入 60～70℃烘烤箱烘 12～16h，用手摸不粘手，水分含量在 16%～18% 时出烘房，即成。

参 考 文 献

陈锡奎，孙凤兰，秦毅，2003. 黄瓜育种中后期肥水管理与病虫害防治［J］.
农业知识（14）：29.

邓志菊，2015. 黄瓜高产栽培技术［J］. 农民致富之友（1）：7.

范晓敏，2010. 黄瓜生物学特性及对环境条件的要求［J］. 河北农业
（5）：10.

高振，2014. 设施蔬菜病虫害简明防治技术［J］. 现代农业（11）：35.

顾兴芳，张圣平，王烨，2005. "十五"期间我国蔬菜科研进展（四）：我国
黄瓜育种研究进展［J］. 中国蔬菜（12）：1-7.

韩世栋，2001. 蔬菜栽培［M］. 北京：中国农业出版社.

郝哲，薛道富，薛舒尹，等，2014. 设施黄瓜栽培技术［J］. 中国瓜菜（6）：
68-69.

李光，付海鹏，杜胜利，等，2006. 我国黄瓜新品种应用和良种生产现状
［J］. 长江蔬菜（12）：30-32.

李新峥，2006. 黄瓜周年栽培技术［M］. 郑州：中原农民出版社.

李贞霞，孙丽，杨和连，2011. 保护地专用黄瓜品种选育研究进展［J］. 河
南科技学院学报（自然科学版），39（3）：18-22.

梁芳芳，张新俊，梁改荣，2012. 黄瓜种质资源研究进展［J］. 河南农业
（12）：55-56.

刘秀芳，2014. 温室黄瓜育苗技术［J］. 农民致富之友（12）：171.

刘颖，孟庆霞，2014. 无公害黄瓜栽培技术［J］. 农业与技术（12）：93.

沈镝，李锡香，王海平，等，2006. 黄瓜种质资源研究进展与展望［J］. 中
国蔬菜（B10）：77-81.

沈伟良，2014. 早春大棚黄瓜优质、高效栽培技术［J］. 上海农业科技（5）：
84-85.

孙新政，2007. 我国黄瓜种子处理技术的研究进展［J］. 河南农业科学（2）：
85-88.

汤蕴玉，吴洁云，路广，等，2015. 大棚黄瓜品种比较试验 [J]. 现代农业科技 (5)：126 - 127.

陶正平，2002. 黄瓜产业配套栽培技术 [M]. 北京：中国农业出版社.

王倩，1998. 保护地黄瓜栽培技术 [M]. 北京：中国农业大学出版社.

王艳飞，孙玉河，李怀智，2002. 我国黄瓜良种繁育研究进展 [J]. 长江蔬菜 (1)：31 - 33.

闻小霞，刘刚，周爱凤，2014. 黄瓜育种工作研究进展 [J]. 农业科技通讯 (5)：12 - 14.

吴寒冰，杨银娟，刘冲，等，2014. 设施栽培黄瓜全生育期主要病虫害绿色防控集成技术 [J]. 中国植保导刊 (11)：40 - 45.

吴攀建，袁波，陈清华，等，2015. 黄瓜耐热性研究进展 [J]. 中国瓜菜 (1)：5 - 9，22.

闫世江，张继宁，刘洁，2010. 黄瓜品质育种研究进展 [J]. 长江蔬菜 (20)：13 - 15.

杨绍丽，吴仁锋，马晓龙，等，2015. 武汉地区黄瓜靶斑病病原鉴定及生物学特性研究 [J]. 长江蔬菜 (4)：58 - 61.

于伟红，2014. 黄瓜栽培技术与病虫害防治浅析 [J]. 农民致富之友 (23)：49.

张凤仪，张宏，赵树亮，2007. 黄瓜栽培图诀 200 例 [M]. 北京：中国农业出版社.

张艳玲，张洪玉，刘琨，等，2009. 不同嫁接方式对黄瓜双根嫁接苗成活率及生物学特性的影响 [J]. 天津农业科学 (6)：36 - 38.

张义和，2012. 大棚日光温室黄瓜栽培 [M]. 北京：金盾出版社.

赵靖，2015. 温室黄瓜冬季栽培管理技术 [J]. 现代园艺 (3)：36 - 37.

郑文法，2013. 黄瓜设施栽培的研究进展 [J]. 绿色科技 (7)：60 - 61.

郑朕，聂小宝，李致瑜，等，2011. 黄瓜保鲜技术研究进展 [J]. 农产品加工 [学刊 (下)] (8)：118 - 121.

中国农业科学院蔬菜花卉研究所，1987. 中国蔬菜栽培学 [M]. 北京：中国农业出版社.

周长久，1996. 现代蔬菜育种学 [M]. 北京：科学技术出版社.